Ermanno Bencivenga
Alessandro Giuliani

Filosofia chimica

Editori Riuniti
university press

di Gruppo Editoriale Italiano srl - Roma
www.editoririunitiuniversitypress.it

Finito di stampare nel mese di dicembre 2014 da CSR - Roma

ISBN 978 88 6473 146 9

Sommario

Prefazione

Ci siamo incontrati dodici anni fa intorno a un libro, allora appena uscito, sulla scienza. Arrivavamo a questo nostro comune interesse da direzioni opposte: Ermanno dalla logica e dalla filosofia della matematica, Sandro da una formazione empirica e statistica. *A priori* e *a posteriori*. Ma abbiamo subito riscontrato un'istintiva solidarietà di intuizioni, di gusti – per usare una parola più edificante, di valori. Insofferenza per l'immagine ufficiale, ideologica, propagandistica della scienza, per scoop giornalistici e ricercatori promossi al rango di guru allo scopo di reperire lettori o fondi. Appassionata attenzione, invece, per la pratica scientifica quotidiana: per quei dettagli impossibili da racchiudere in uno slogan perché intricati, misteriosi, spesso contradditori. Rispetto e anzi ammirazione per gli errori scientifici: per l'*errare*, il divagare, l'andare a zonzo che è il modo migliore di conoscere un territorio; per il coraggio con cui tanti esploratori del sapere hanno affrontato labirinti e vicoli ciechi, deserti e passi alpini, lasciandoci un prezioso patrimonio di esperienze; per la molteplicità di approcci e di metodi che questo loro coraggio ci ha messo a disposizione. Curiosità per i legami che la scienza, la più alta testimonianza dell'umanissimo desiderio di conoscere, ha con altre espressioni dell'umanità: l'arte, la letteratura, il teatro, il gioco.

Abbiamo dialogato, in questi anni, e abbiamo seguito e

commentato il lavoro l'uno dell'altro, finché non si è messo in luce un progetto sul quale potessimo impegnarci insieme. Un progetto ideale per collaborare, perché nessuno dei due singolarmente avrebbe potuto portarlo a termine: in partenza, Ermanno ricordava (sì e no) la chimica del liceo ma sapeva di filosofia; per Sandro valeva la situazione inversa. E un progetto ideale per una nostra collaborazione, perché in esso potevamo convogliare tutte le intuizioni citate qui sopra. Offriamo al pubblico questo risultato, dunque, come esempio di una riflessione sulla scienza aliena da dichiarazioni astratte e programmatiche, umile nella cura dei dettagli ma vigile e tenace nel coglierne il significato generale, talvolta rivoluzionario, equa nel rilevare i contributi di punti di vista diversi e passi falsi, e soprattutto (speriamo) umana.

Ringraziamo Antonio Vecchia per la cortese e generosa autorizzazione a usare suoi materiali nel primo capitolo; e Mario Castellana, Silvia Di Paolo, Giovanni Giorgio, Marco Mirolli, Claudio Ronchi, Luca Tummolini, Maria Cristina Valerio, Giovanni Villani e Flavio Zelazek per i loro commenti a una prima stesura del libro.

Irvine, California, e Roma, maggio 2014

Introduzione

Nel 1976 uno di noi, dottorando in filosofia all'Università di Toronto, si trovava a cena con un collega e sua moglie, dottoranda in chimica. Nel corso della serata, fu inevitabile porle una domanda: «Di che cosa si occupa, oggi, la ricerca chimica?». La risposta fu lapidaria: «In sostanza, si fa meccanica quantistica». Cioè: si lavora all'interno di quella che era, ed è tuttora, la teoria fisica dominante. Pronunciata da una persona che si stava specializzando in chimica e presumibilmente intendeva dedicarle la sua futura vita professionale, la frase sembrava negare a questa disciplina ogni carattere distintivo e ogni forma di autonomia.

Il poco di scienza contemporanea che circola nella nostra conversazione quotidiana va d'accordo con un giudizio così impietoso. Gli eventi scientifici che fanno notizia riguardano spesso nuove aggiunte allo zoo delle particelle, meglio se «di Dio», o ipotesi fantasiose su una «teoria del tutto» prossima ventura. Siccome siamo esseri viventi, dà buona mostra di sé anche la biologia, con il progetto genoma e le sue ricadute sull'industria medica e farmaceutica o con la bella sicurezza di chi ha appena trovato pensieri e sentimenti in una qualche area opportunamente stimolata del cervello. La chimica, «terra di mezzo», ha una presenza che con un eufemismo potremmo definire discreta e, quando compare con accenti da protagonista, è spesso in relazione a disastri (Seveso, Bhopal) o al degrado ambientale (pesticidi, ciminiere). Né la aiuta ad acquisire autorevolezza il suo legame con la produzione: rispetto a chi si lancia in discorsi di ambizione luciferina sull'origine dell'universo o della vita, appare modesto chi si preoccupa di munirci di suole in vibram e mantelline in goretex per le gite in montagna. La chimica insomma si sporca le mani, e risulta difficile conferirle il prestigio accordato alla pura contemplazione della verità. Nessuno ha saputo esprimere questa sua incerta reputazione con maggiore eloquenza di Primo Levi nel *Sistema periodico*:

> Le origini della chimica erano ignobili, o almeno equivoche: gli antri degli alchimisti, la loro abominevole confusione di idee e di linguaggio, il loro confessato interesse all'oro, i loro imbrogli levantini da ciarlatani o da maghi; alle origini della fisica stava invece la strenua chiarezza dell'occidente, Archimede ed Euclide. (54-55)

Qui cercheremo di remare contro, sostenendo non solo l'indipendente dignità della chimica ma una tesi ben più profonda e audace (anch'essa, a suo modo, di luciferina ambizione): che la chimica incarni una forma determinata di pensiero, un approccio generale all'esperienza che senza per nulla forzare l'espressione possiamo chiamare una *filosofia*. Di quale approccio si tratti lo spiegheranno i capitoli che seguono; nel resto dell'introduzione chiariremo il senso del nostro tentativo situandolo in un contesto più ampio. E cominciamo ritornando indietro di un paio di secoli.

La scienza della logica di Hegel è una successione dialettica di categorie onnicomprensive, in ciascuna delle quali si presentano insieme una concezione del mondo e il mondo stesso in quanto così concepito – *dialettica* perché ogni forma, elaborando le proprie tensioni e contraddizioni interne, viene trascesa nella successiva, un po' come un personaggio di un romanzo cresce e si sviluppa intellettualmente ed emotivamente affrontando le varie crisi che gli vengono proposte dall'intreccio. Si parte con la categoria più semplice, tanto semplice da risultare vuota di contenuto, l'*essere*, e dopo un percorso che riepiloga le varie fasi dell'intera metafisica occidentale si arriva all'*idea assoluta*, nella quale l'identità fra pensiero e realtà, fra l'atto del conoscere e ciò che è conosciuto, implicita per buona parte dell'itinerario, si esprime nel modo più nitido. Appena prima di arrivare all'idea assoluta s'incontra l'*oggetto*, cioè una realtà non ancora consapevole della sua identità con il pensiero ma che già mostra a un osservatore attento di esserne intimamente penetrata, attraversata da una precisa e raffinata struttura concettuale. La dialettica dell'oggetto ha tre momenti: il *meccanismo*, la *teleologia* e, in mezzo fra i due, il *chimismo*.

C'è stato un periodo della nostra recente storia culturale, prima che Hegel fosse abbandonato nelle mani dei becchini (cioè degli storici) della filosofia, in cui era di moda schernire le sue idee sulla scienza: la sua dimostrazione, per esempio, che non possono esistere più di sette pianeti. Rimanendo inteso che Hegel non era uno scienziato, questo genere di lazzi rivelava solo una totale incomprensione per il ruolo della dimostrazione nel suo sistema e un'altrettanto totale ignoranza delle sue ammirevoli intuizioni scientifiche: dalla difesa dell'infinito attuale due generazioni prima di Cantor alla sensibilità nel cogliere la ricchezza di significati del tempo meteorologico – da cui un secolo e mezzo dopo sarebbe nata la (molto hegeliana) teoria del caos. Un'altra di queste intuizioni riguarda direttamente il passo della *Logica* di cui stiamo trattando, e il progetto su cui si basa il nostro libro.

Quello che Hegel (in traduzione) chiama meccanismo (noi diremmo *meccanicismo*) è la fisica newtoniana, modello scientifico e filosofico vincente dell'epoca. (Non dimentichiamo che il titolo del capolavoro di Newton era *Philosophiae naturalis principia mathematica*: la combinazione da lui offerta di analisi matematica e meccanica «classica», più che uno strumento professionale, era appunto una concezione onnicomprensiva della natura.) Nel *Saggio filosofico sulle probabilità* del 1814 (la prima edizione della *Logica* di Hegel è del 1817), Pierre-Simon de Laplace aveva espresso la cosmica fiducia che accompagnava questo modello in un passo giustamente famoso:

> Dobbiamo … considerare lo stato presente dell'universo come l'effetto del suo stato anteriore e come la causa di quello futuro. Un'intelligenza che, per un dato istante, conoscesse tutte le forze da cui è animata la natura e la situazione rispettiva degli esseri che la compongono, se inoltre fosse così vasta da sottomettere questi dati all'analisi, abbraccerebbe nella stessa formula i movimenti dei più grandi corpi dell'universo e quelli dell'atomo più leggero: nulla sarebbe incerto per essa e l'avvenire, come il passato, sarebbe presente ai suoi occhi. Lo spirito umano offre, nella perfezione che ha saputo dare agli studi astronomici, un timido abbozzo di questa intelligenza. Le sue scoperte in meccanica e in geometria, unite a quella della gravitazione universale, l'hanno messo in grado di includere nelle stesse espressioni analitiche gli stati passati e futuri del sistema del mondo. (24)

Parte di ciò che era implicato da tanta fiducia era la convinzione che, se davvero la fisica newtoniana permetteva, in linea di principio, di predire l'intero futuro (e retrodire l'intero passato), allora in linea di principio non serviva altro: ogni altra visione scientifica del mondo avrebbe dovuto esserne assorbita e metabolizzata. Ed è qui che, una volta di più, Hegel esprime il suo talento visionario:

> Il chimismo è una categoria dell'oggettività che di regola non viene particolarmente evidenziata, ma di solito viene unita al meccanismo come se facessero tutt'uno…. Ma … il meccanismo e il chimismo sono distinti l'uno dall'altro in un modo molto determinato, e, precisamente, in quanto l'oggetto nella forma del meccanismo dapprima è soltanto relazione indifferente a sé, mentre l'oggetto chimico mostra di esser assolutamente in relazione ad altro. Certo, anche nel meccanismo in quanto si sviluppa, compaiono già delle relazioni ad altro; ma la relazione reciproca degli oggetti meccanici è soltanto una relazione esterna, per cui gli oggetti tra loro in relazione sembrano rimanere indipendenti. Così, per es., in natura i diversi corpi celesti che costituiscono il sistema solare sono tra loro in un rapporto di movimento e mostrano di essere in relazione l'uno all'altro attraverso questo movimento. Tuttavia il

> movimento come unità di spazio e di tempo è soltanto la relazione del tutto esterna ed astratta, e così sembra che i corpi celesti che sono esteriormente in relazione l'uno all'altro, siano e rimangano quello che sono, anche senza questa loro relazione reciproca. – Diverso è invece il caso del chimismo. Gli oggetti chimicamente differenti sono quello che sono espressamente soltanto mediante la loro differenza e così sono l'impulso assoluto a integrarsi l'uno con l'altro e l'uno mediante l'altro. (426-27)

Nel terzo capitolo mostreremo quanto azzeccata fosse l'intuizione hegeliana: come in chimica le relazioni siano spesso fondanti per gli oggetti, piuttosto che viceversa. Qui ci basta notare l'autonomia che Hegel assegna alla spiegazione chimica, difendendola dall'inglobamento nel grande calderone della fisica meccanicistica. Di specifico, non ha molto da dire sulla natura di tale spiegazione (al tema sono dedicate solo due pagine); ma il fatto stesso che, in assenza di dettagli, le riservi un posto così importante nel sistema, cui altri potranno fare la giustizia che merita, sembra quasi precorrere il miracolo tassonomico di cui ci occuperemo al termine dell'introduzione – la Tavola periodica degli elementi.

C'è di più. Il *chimismo* non coincide con la chimica; e per capirlo, visto che in proposito non ci viene detto molto, rivolgiamoci al meccanismo, che in senso analogo non coincide con la fisica newtoniana.

> [B]isogna rivendicare esplicitamente al meccanismo il diritto e il significato di categoria universale, e, quindi, il meccanismo non va affatto limitato soltanto a quell'ambito della natura da cui è desunto il nome di questa categoria. Non c'è dunque nulla da obiettare se, anche al di fuori del regno della meccanica vera e propria, e precisamente nella fisica e nella fisiologia, si rivolge l'attenzione ad azioni meccaniche.... Anche nel campo del mondo spirituale il meccanismo ha il suo posto, per quanto si tratti di un posto soltanto subordinato. Si parla giustamente del meccanismo della memoria e di ogni altra sorta di occupazioni meccaniche,

come, per es., leggere, scrivere, suonare, ecc. Per quanto riguarda più precisamente la memoria, il carattere meccanico di tale comportamento ne costituisce addirittura l'essenza; una circostanza che non di rado è stata trascurata dalla pedagogia più recente, nel suo malinteso zelo per la libertà dell'intelligenza, con grave danno nella formazione dei giovani. (423-24)

Come il meccanismo, anche il chimismo è una categoria universale. Il suo nome è «desunto» da un particolare ambito scientifico, ed è in quell'ambito che le sue caratteristiche emergono con maggiore chiarezza. La sua pertinenza e le sue possibilità di applicazione, però, si estendono ben oltre l'ambito in cui si muove con immediata familiarità. E, se lo stesso Hegel non ci offre qui esempi di tali applicazioni (come fa per il meccanismo), lo aveva fatto per lui un altro genio della cultura tedesca, con una suggestiva sincronicità rivelatrice di quanto l'idea «fosse nell'aria», pronta a essere raccolta ed elaborata da menti percettive. Parliamo di Goethe, che nel 1809 aveva pubblicato *Le affinità elettive*, mettendo a frutto le sue conoscenze chimiche nella descrizione dei rapporti fra Edoardo, Carlotta, Ottilia e il Capitano.

È questo il senso in cui il nostro è un libro di filosofia chimica, non di filosofia *della* chimica. Non intendiamo infatti importare da un livello di riflessione più «elevato» criteri e concetti che ci permettano di illuminare le oscurità di una scienza particolare, rivelarne i paradossi, riordinarne i presupposti. Intendiamo invece trarre da una concreta attenzione alla pratica di questa scienza lezioni di generale interesse per un approccio articolato e complesso al mondo. Né ci affascina (anzi, ci ripugna) assumere un atteggiamento ancora una volta imperialista: non faremo un ennesimo sforzo di ridurre «il tutto» a una sua parte, in questo caso alla spiegazione chimica. La nostra è una posizione di mezzo, come la chimica: rispettosa delle differenze tra le varie discipline e dell'inesauribile fonte di insegnamenti che tali differenze ci propongono.

1. Elementi

Il compito principale (e tripartito) della scienza, nell'interpretazione tradizionale, è quello di *spiegare* gli eventi (ossia tutto ciò che accade), attraverso la spiegazione *comprenderli* e attraverso la comprensione arrivare davvero a *conoscerli*. Tutte queste parole vanno chiarite. Spiegare un evento significa darne un resoconto causale: presentarlo come l'effetto di altri eventi – le sue cause, appunto. Spiegare il fatto che un fiammifero si sia acceso significa presentarlo come l'effetto del suo esser stato sfregato, del suo essere in presenza di ossigeno e del suo non essere bagnato. Il legame tra cause ed effetti è giudicato necessario: una volta verificatesi le opportune cause, l'effetto *non può che* seguirne; non c'è in proposito nessuna discrezione, nessuna alternativa. Il che vuol dire: quando scopriamo le cause di un evento ci rendiamo conto che il suo accadere non è stato un fatto arbitrario, che così *doveva* andare; quindi non ci limitiamo a osservarlo e registrarlo ma lo comprendiamo, *capiamo* perché è successo, afferriamo la logica del suo succedere, diveniamo consapevoli della sua intima ragionevolezza. Ed è solo allora, affermava Aristotele, che possiamo dire di conoscerlo: la nostra non è più solo un'opinione ma un accesso fondato alla verità. «[I]l sapere che cos'è un oggetto si identifica con il conoscere la causa del fatto che questo oggetto sia» (*Organon* 372).

Per poter spiegare, comprendere e conoscere, però, la scienza deve prima *descrivere* gli eventi, e qui ci scontriamo con una complicazione: «la scienza» al singolare è un'ingannevole astrazione; di scienze ce ne sono tante, con diversi vocabolari frutto di diversi livelli di *analisi*, cioè di separazione e identificazione degli *elementi* di ogni possibile descrizione (le parole del vocabolario con cui si descriverà), e ciascuna di loro descrive «gli stessi eventi» in modi diversi, definendo quindi diversamente anche i propri compiti. L'evento costituito da una mia azione, per esempio, può essere descritto con un vocabolario biologico, perché io sono un organismo vivente, o chimico, perché sono un coacervo di molecole, o fisico, in termini di forze e particelle elementari. Se non scegliamo una fra queste opzioni, e con essa un certo apparato concettuale, non avremo niente da spiegare: nella prima *Critica*, Kant dice che «le intuizioni [cioè le rappresentazioni sensibili] senza concetti sono cieche» (92) – non si vede nulla se non si sa *che cosa* si sta vedendo. E scelte diverse determinano relazioni causali diverse, perché sono diversi gli eventi di cui vanno cercate le cause e i fattori che verranno giudicati pertinenti; diverse dunque saranno le strategie adottate *dalle scienze* (non «dalla scienza») per spiegare, comprendere e conoscere.

Una tesi ricorrente nella storia del pensiero (e della scienza), suggerita dal passo di Laplace citato nell'introduzione, ci porterebbe a evitare una simile libertà di movimenti, e con essa l'imbarazzo che la libertà procura. Si tratta del *riduzionismo*, per cui solo un certo livello di analisi e di descrizione è reale; gli altri sono apparenti e, quale che ne sia l'ovvietà sensoriale o utilità pragmatica, vanno tradotti in (*ridotti* a) quello privilegiato se non vogliamo dar corpo alle ombre. L'esempio più noto di tale tesi riguarda le cosiddette *qualità secondarie*: colori, suoni, odori, sapori. Democrito affermava che esistono solo «per convenzione»; autori successivi come Galileo, Descartes, Newton e nel modo più dettagliato (e prolisso) Locke le giudicarono un frutto dell'interazione fra le proprietà geometriche e meccaniche degli oggetti (le loro *qualità primarie*), diciamo le proprietà geometriche e meccaniche della mia lingua e di un pezzo di pane, il quale frutto scomparirebbe se il pane non entrasse mai in contatto con la mia lingua – di suo, il pane non ha alcun sapore. In generale, i sapori (e i colori, i suoni, gli odori) non fanno parte del mondo e un catalogo esauriente di quel che c'è al mondo non deve contemplarne la presenza. Nello stesso spirito, è comune per molti (inclusi molti scienziati) ritenere che non esistano realmente entità chimiche o biologiche: anch'esse sono solo apparenti e in una spiegazione (e relativa descrizione) completa e adeguata di quel che accade andrebbero ridotte al vocabolario privilegiato della fisica; le altre scienze sono stazioni di passaggio verso il culmine rappresentato da un'*unica* scienza – una singola disciplina che le assorbirà tutte. Buona parte di questo libro può essere vista come una complessa e articolata argomentazione antiriduzionistica; allo stadio in cui siamo, basterà forse notare che il culmine annunciato qui sopra è costantemente rimandato a un ipotetico futuro ed è dunque un puro oggetto di fede. La concreta pratica scientifica si muove nell'universo di scelte che abbiamo illustrato; e noi, come chiarito nella prefazione, a tale pratica intendiamo rimanere vicini e fedeli, piuttosto che a una qualche mitologia della scienza.

I vocabolari delle diverse scienze chiamano in causa entità di dimensioni molto variabili, quindi anche presenti al mondo in numero più o meno cospicuo. In un singolo organismo vivente ci sono molte molecole, e in ciascuna molecola molte particelle. Ma non sono tanto gli oggetti individuali a interessare una scienza quanto piuttosto i *tipi* di oggetti. Tornando per un attimo al compito esplicativo, un rapporto causale non è solo necessario: è anche universale. Se questo fiammifero si è acceso perché è stato sfregato in presenza di ossigeno e in assenza di (eccessiva) umidità allora *ogni* fiammifero si accenderà in condizioni analoghe: quella che enunciamo quando offriamo tale spiegazione è una *legge* di assoluta generalità, non la concatenazione fra due eventi singoli. Aristotele dichiara che «tutti gli oggetti della scienza sono universali» (*La metafisica* 261). (Il che funge da stimolo a raffinare sempre più le nostre spiegazioni: se un fiammifero strofinato in presenza di ossigeno e in assenza di umidità non si accende, andremo alla ricerca di fattori causali aggiuntivi che abbiamo trascurato. Studieremo la velocità e l'intensità dello sfregamento, le condizioni della carta vetrata...; e dopo un esame accurato di questi altri fattori formuleremo una nuova e più complessa legge universale. Le nostre spiegazioni sono pur sempre fallibili come le creature – noi stessi – che le propongono; ma è proprio nel modo in cui le consideriamo fallibili e tentiamo di correggerle che diamo l'idea più chiara degli *standard* che applichiamo alla scienza.)

Detta altrimenti, una scienza non contiene nomi propri e la sua pluralità non riguarda gli eventuali referenti di tali nomi; contiene invece i nomi comuni – i concetti, come abbiamo detto – sotto cui cadono quei referenti e la sua pluralità riguarda le classi che corrispondono a tali concetti. Questa seconda pluralità va in senso opposto alla prima: se è vero che i singoli organismi viventi sono meno delle singole molecole che sono a loro volta meno delle singole particelle, è anche vero che la biologia studia un numero enorme di tipi di organismi, la fisica intende ridurre il suo vocabolario a poche unità (pur se il progetto, come ogni progetto riduzionistico, è tuttora in alto mare) mentre la chimica, intermedia fra le due, ha un numero di elementi allo stesso tempo preciso e sostanzioso. Come è noto, gli elementi chimici naturali sono esattamente 92.

È un ordine di grandezza molto particolare. Gli elementi degli antichi greci erano quattro: terra, acqua, aria e fuoco (cinque, se aggiungiamo l'etere). Gli stati di aggregazione della materia sono tre (ma su questo punto torneremo nel quinto capitolo): solido, liquido e gassoso. Le forze fondamentali della fisica contemporanea sono quattro: gravitazionale, elettromagnetica, nucleare forte e nucleare debole. Tutti numeri piccoli, computabili con le dita di una sola mano. Sul versante opposto, le specie viventi studiate dalla biologia sono innumerevoli, se non proprio infinite. E ricordiamo che la parola greca per «infinito» era *ápeiron*, che vuol dire anche «indeterminato», «indistinto»; quindi mettere insieme i due estremi citati suggerisce un modo di contare infantile e rudimentale – uno, due, tre, tanti. In chimica invece abbiamo una via di mezzo del tutto rigorosa: per arrivare al numero giusto bisogna saper contare in modo maturo e a un certo punto bisogna anche sapersi fermare. Come quando si contano le lettere dell'alfabeto, anche quelle una via di mezzo fra un'eccessiva, incontrollabile ricchezza e una frustrante penuria. La via di mezzo rappresentata dall'alfabeto ci permette una capacità espressiva ideale: con troppi segni avremmo difficoltà di riconoscimento (e magari dovremmo passare la nostra vita a studiare ideogrammi); con troppo pochi saremmo in grado di costruire poche parole; qualche decina di segni è la misura giusta. Quindi, viene da pensare, anche la Tavola degli elementi chimici, con la sua *medietà*, potrebbe essere uno strumento espressivo di dimensioni ideali, e nel quarto capitolo studieremo il linguaggio che ne risulta. Per ora esaminiamo la storia affascinante della costruzione di questa tavola, non prima però di aver fatto un'altra osservazione.

Fisica e biologia sembrano occupare i due estremi dello spettro relativo a quante cose (quanti tipi di cose) ci siano al mondo, ma a ben vedere le due scienze hanno al riguardo molto in comune: la scoperta di un numero infinito di elementi corrisponderebbe infatti a una loro sostanziale vacuità; essi sarebbero espressione di un flusso continuo di qualcos'altro, di una forza fondamentale unica che ci collocherebbe di nuovo nella prospettiva riduzionistica popolare in fisica – dove l'unificazione delle forze è un progetto dominante. In biologia il flusso soggiacente alla molteplicità delle specie è l'evoluzione continuista: il modello neodarwiniano in cui le specie gradualmente perdono di rilevanza facendo risaltare il cambiamento continuo attraverso la selezione naturale e l'isolamento riproduttivo. In questo senso, la medietà della chimica può a sua volta esser vista come una caratteristica estrema e rivoluzionaria: come un cambiamento radicale di prospettiva nella visione scientifica del mondo – dal continuo al discreto.

La costruzione dell'alfabeto chimico inizia nel Settecento con Antoine-Laurent de Lavoisier, il fondatore della chimica moderna, il quale ne fissa (temporaneamente) il numero di elementi a 33 e fornisce per la prima volta un'esplicita definizione operativa di elemento legata alle tecniche con cui ottenerne la separazione. Nel suo *Trattato elementare di chimica* del 1789 (qual è stata la vera rivoluzione avvenuta in quell'anno? – ci si potrebbe chiedere – e ricordiamo che nel 1794 Lavoisier fu condannato a morte da un giudice che affermò «La rivoluzione non ha bisogno di sapienti») scrive:

> Tutto ciò che si può dire sul numero e sulla natura degli elementi, si riduce a mio credere a discussioni puramente metafisiche.... Io mi contenterò dunque di dire, che se per elementi noi vogliamo contrassegnare le molecole semplici e indivisibili che compongono i corpi, è probabile che noi non le conosciamo: che se al contrario noi attacchiamo al nome di elementi, o di principj de' corpi l'idea dell'ultimo termine a cui perviene l'analisi, tutte le sostanze che non abbiamo potuto ancora per verun mezzo decomporre, sono per noi elementi: non perché noi possiamo assicurare, che questi corpi che riguardiamo come semplici, non sieno eglino stessi composti di due, o anche più principj; ma perché, come questi principj non si disgiungono giammai, o piuttosto ci mancano i mezzi di separarli, così essi agiscono a riguardo nostro quali corpi semplici, e noi non dobbiamo supporli composti se non nel momento in cui col mezzo della sperienza e dell'osservazione ne siamo assicurati. (19-20)

Lavoisier traccia così una netta distinzione fra il livello macroscopico di analisi (le sostanze), che risulta scientificamente indagabile, e quello microscopico (le molecole) che per la scienza dell'epoca era esclusivamente ipotetico e al di fuori dell'indagine empirica (di sapore quindi «metafisico»).

Saranno John Dalton e il torinese Amedeo Avogadro, alcuni anni dopo, a collegare i due piani di spiegazione. Il secondo, in particolare, partendo dal principio (la legge che porta il suo nome, dedotta dalla legge di Boyle-Mariotte di cui tratteremo nel sesto capitolo) che volumi uguali di gas diversi, nelle stesse condizioni di temperatura e pressione, contengono lo stesso numero di molecole e osservando che questi volumi uguali hanno però pesi diversi (per esempio, un volume di ossigeno pesa 16 volte di più dello stesso volume di idrogeno), fu in grado di stabilire il peso relativo delle molecole di varie sostanze chimiche (elementi o composti che fossero) e quindi, assegnando convenzionalmente alla molecola d'idrogeno il peso 1, di stabilire i pesi molecolari delle altre sostanze. (In seguito, come vedremo, i suoi stessi metodi permisero di determinare anche i pesi atomici delle sostanze.) Studiando comportamenti macroscopici, con particolare riguardo alle proporzioni in cui le sostanze si combinano fra loro, era così diventato possibile inferire dati sulla struttura microscopica di quelle sostanze.

Per il seguito di questa storia, rivolgiamoci alla brillante ricostruzione offerta da Antonio Vecchia al sito www.cosediscienza.it, che intercaleremo con nostre osservazioni. Consigliamo inoltre al lettore, quando viene descritta la graduale costruzione della Tavola degli elementi (detta anche «periodica» o «di Mendeleev»), di fare costante riferimento alla versione odierna della tavola riprodotta a pag. 30.

> La necessità di mettere ordine all'interno degli elementi chimici apparve impellente intorno alla metà dell'Ottocento quando l'elenco si arricchì di molti nuovi arrivi mentre nel frattempo si andava accumulando un gran numero di dati relativi alle proprietà chimiche e fisiche degli elementi che erano già stati isolati. Nel 1830 si conoscevano più di 50 elementi diversi e ci si chiedeva quanti ne rimanessero da scoprire. Gli elementi erano forse in numero infinito? Individuare un metodo per ordinarli in funzione delle loro caratteristiche peculiari forse avrebbe consentito anche la determinazione del loro numero.

Si era in epoca di positivismo, di continuismo esasperato, quindi l'idea stessa di elemento, di un grumo di materia irriducibile e discreto, degno di nome e identità propri e non solo come occasionale convergenza di valori di quantità continue, era in netta controtendenza rispetto al pensiero scientifico e filosofico dominante. Ma occorreva comunque ordinare quei 50 oggetti, a prescindere dal fatto che si trattasse di epifenomeni da superare in una nuova teoria continuista a venire, di parte di un alfabeto finito o di esempi di un bestiario potenzialmente infinito e continuamente rinnovabile.

Fra i primi scienziati che tentarono di mettere ordine fra gli elementi noti vi fu il chimico tedesco Johann Wolfgang Döbereiner. Egli nel 1828 aveva osservato che il bromo [Br], un elemento scoperto due anni prima, era dotato di proprietà che sembravano essere intermedie fra quelle del cloro [Cl] e quelle dello iodio [I]. Non solo si notava in questi tre elementi una graduale variazione di alcune proprietà come il colore e la reattività, ma si era osservato anche che il peso atomico del bromo si trovava a metà strada fra quello del cloro e quello dello iodio. Poteva trattarsi di una coincidenza? Döbereiner andò alla ricerca di altri gruppi di tre elementi le cui proprietà si disponessero secondo una variazione regolare e in effetti notò che si assomigliavano fra loro anche litio [Li], sodio [Na] e potassio [K], elementi detti *metalli alcalini* perché presenti in composti chiamati alcali (sostanze con proprietà opposte a quelle degli acidi); così pure si assomigliavano magnesio [Mg], calcio [Ca] e stronzio [Sr], detti *metalli alcalino-terrosi* in quanto i loro ossidi (un tempo detti *terre*) avevano anch'essi proprietà alcaline; cloro, bromo e iodio sono detti *alogeni* (dal greco: «generatori di sali») perché si combinano direttamente con alcuni metalli generando sali, come ad esempio il cloruro di sodio (il comune sale di cucina). Il Döbereiner propose allora la «teoria delle triadi» ma, non essendo stato in grado di rinvenire altri gruppi di tre elementi con caratteristiche simili, dovette rinunciare alla teoria così come era stata formulata.

Notiamo che già in questo primo tentativo una classificazione efficace era vista come un sistema regolare, armonico, in cui gli elementi si susseguissero in una serie «generativa».

[Infine] ci si rese conto che sperare di mettere ordine fra gli elementi era illusorio, in quanto vi era molta confusione…. Per fare chiarezza sull'argomento si decise allora di organizzare una conferenza di chimici di tutta Europa. Nel 1860 fu pertanto indetto, per la prima volta nella storia della scienza, un convegno internazionale che prese il nome di Primo Congresso Chimico Internazionale e si tenne a Karlsruhe in Germania. Vi presero parte circa centotrenta delegati.... [E]bbe notevole successo la relazione di Stanislao Cannizzaro, professore di chimica presso la Regia Università di Genova [oltre che rivoluzionario siciliano nel 1848 e futuro vicepresidente del Senato italiano], il quale difese il principio di Avogadro che lui stesso utilizzava per determinare il peso atomico degli elementi con risultati che si erano dimostrati estremamente precisi. Alla fine del congresso, quando i chimici si accingevano a tornare ai loro paesi nello stesso stato di confusione di idee di quando erano arrivati [ma avendo almeno chiarito, proprio grazie al contributo di Cannizzaro, il concetto di molecola], Cannizzaro distribuì le dispense che utilizzava durante il corso di chimica che teneva a Genova. In esse erano espressi chiaramente i risultati a cui si sarebbe pervenuti accettando l'ipotesi di Avogadro nella sua totalità. «Fu come se un velo mi fosse calato dagli occhi» – commentò il celebre chimico tedesco Julius Lothar Meyer – «sparirono in me tutte le incertezze e al loro posto subentrava la chiarezza piena di armonia».

[I]n seguito ai risultati scaturiti dal Congresso di Karlsruhe ... il chimico inglese J. A. Reina Newlands propose un sistema di classificazione basato sul peso atomico. Egli, disponendo gli elementi per peso atomico crescente, aveva notato che, con cadenza regolare, ad ogni otto di essi si ripetevano proprietà simili. Newlands, che aveva avuto un'educazione musicale, chiamò questa relazione «Legge delle ottave» per analogia con la scala musicale in cui l'ottava nota dà una percezione simile alla prima. Disponendo gli elementi in colonne verticali di sette unità quelli simili si venivano a trovare sistemati sulle stesse righe orizzontali. Il potassio, ad esempio, veniva a trovarsi vicino al sodio, il cloro cadeva sulla stessa riga di bromo e iodio e il magnesio si sistemava a fianco del calcio. In altre parole, le triadi scoperte da Döbereiner si posizionavano spontaneamente su righe orizzontali. La sua proposta però venne accolta con scetticismo, da qualcuno addirittura ridicolizzata, e alla fine fu scartata. Qualche cosa di simile aveva suggerito un paio d'anni prima il geologo francese Alexandre-Émile Béguyer de Chancourtois, ma anche la sua classificazione ... passò inosservata. Tali classificazioni contenevano invece il germe del criterio ordinatore che in seguito si sarebbe dimostrato quello giusto e infatti, molti anni più tardi, quando la Tavola Periodica di Mendeleev era stata universalmente accettata, i lavori del geologo francese e del chimico inglese ebbero riconoscimento ufficiale.

I tempi erano comunque maturi e l'idea musicale di periodicità era corretta; occorreva attendere un animo profondamente musicale come quello di Dmitrij Ivanovic Mendeleev per arrivare, nel 1869, alla soluzione. Il legame con la musica dell'ambiente chimico russo era fortissimo. Aleksandr Porfir'evic Borodin, uno dei più grandi compositori ottocenteschi (tra l'altro ampiamente saccheggiato da Broadway, come nella struggente *Stranger in Paradise*, ripresa dalle sue Danze polovesiane), era un abile chimico organico (ancora studiate sono le sue reazioni di condensazione delle aldeidi) e stretto collaboratore di Mendeleev. A casa di quest'ultimo era solito riunirsi il cosiddetto gruppo dei cinque (Borodin, Rimsky-Korsakov, Mussorgski, Balakirev, Cui), ovvero i compositori che diedero vita a una tradizione musicale russa moderna indipendente da quella classica occidentale, e Dmitrij Ivanovic era egli stesso un buon pianista.

Mendeleev era nato a Tobol'sk nel 1834, dove suo padre era preside del ginnasio cittadino ma proprio in quell'anno era stato costretto a lasciare l'incarico avendo perso la vista a causa di una cataratta. La madre, donna di grande energia, si assunse il peso di mantenere e educare i ben diciassette figli occupandosi della direzione di una vetreria che apparteneva al fratello e divenendo così l'unica fonte di reddito della famiglia. Aveva grandissima fiducia nelle capacità del figlio Dmitrij e, alla conclusione del ginnasio, volle mandarlo a studiare all'università di S. Pietroburgo. Dopo essersi iscritto alla facoltà di matematica e fisica ed essersi occupato anche di zoologia, Dimitrij si volse definitivamente alla chimica (di nuovo questa sua medietà!). Nel 1855 terminò gli studi e iniziò a insegnare, prima nei licei e poi all'università. Nel 1859 si recò in Germania a perfezionare la sua preparazione scientifica. Qui incontrò Cannizzaro (ancora lui!), i cui studi lo indirizzarono alla creazione della Tavola periodica. Era stato infatti Cannizzaro, come abbiamo visto, a sottolineare l'importanza del peso atomico per determinare le proprietà fisiche e chimiche degli elementi, principio basilare in quello che diventerà il sistema di Mendeleev. (La tavola fu scoperta indipendentemente anche dallo stesso Meyer che abbiamo visto tanto influenzato dalle dispense di Cannizzaro, ma Meyer pubblicò i suoi risultati qualche mese dopo Mendeleev. Qui ci concentreremo sul processo euristico utilizzato da quest'ultimo.)

Il punto di partenza di Mendeleev è squisitamente armonico in quanto si fonda sulle regole di composizione degli elementi (note) per formare composti (accordi «consonanti»); in termini chimici, viene utilizzata come criterio ordinatore la *valenza*.

La valenza (da una parola latina che significa «forza») ai tempi di Mendeleev veniva definita genericamente come il potere di combinazione degli atomi. Poiché si era osservato che l'atomo di idrogeno [H] non si combinava mai con più di un solo atomo di un qualsiasi altro elemento, all'idrogeno venne assegnata, per convenzione, valenza uno.

Se ora l'analisi ponderale [dei *pesi*, cioè, delle sostanze] attribuiva ad esempio al solfuro di idrogeno la formula H_2S, voleva dire che lo zolfo [S] esplicava valenza 2, in quanto tale elemento risultava combinato con due atomi di idrogeno. Allo stesso modo, dalla conoscenza della formula dell'acqua, H_2O, appariva evidente la valenza 2 dell'ossigeno [O]. Per gli elementi che non davano composti con l'idrogeno la valenza veniva stabilita per via indiretta, in base alla capacità di sostituirsi o di equivalere ad atomi di idrogeno. Ad esempio, dalla formula CaS [solfuro di calcio] risultava evidente la valenza 2 del calcio, perché si poteva immaginare che nella formazione del composto un suo atomo avesse sostituito i due atomi di idrogeno in H_2S. Potremmo quindi dare la seguente definizione di valenza valida per quei tempi: «Valenza di un elemento è il numero degli atomi di idrogeno con cui quell'elemento si combina o a cui si sostituisce per formare un composto». L'esperienza, inoltre, metteva in luce che un elemento poteva possedere valenza diversa in composti diversi. Nel composto SO_3, ad esempio, lo zolfo esplicava valenza 6, mentre nel composto SO_2 lo zolfo presentava valenza 4. Fu chiamata «valenza limite» la valenza massima che un elemento poteva presentare.

Nell'organizzare la sua Tavola periodica, Mendeleev procedette dunque con un metodo empirico basato sulla «ricerca delle consonanze».

Escludendo l'idrogeno, l'elemento più leggero, che non dimostrava somiglianze con alcun altro, Mendeleev ordinò, per peso atomico crescente, i sette elementi successivi, che a quel tempo erano: litio, berillio [Be], boro [B], carbonio [C], azoto [N], ossigeno e fluoro [F]. Questi elementi mostravano una graduale variazione delle proprietà chimiche e fisiche [erano cioè «ben ordinati»]; in particolare variava gradualmente la valenza limite relativamente ai composti binari con l'idrogeno e con l'ossigeno. Per i composti con l'idrogeno si constatava che la valenza andava progressivamente aumentando da 1 a 4 per poi ridiscendere fino a 1. I composti idrogenati presentavano pertanto le seguenti formule: LiH, BeH_2, BH_3, CH_4, NH_3, H_2O, HF. Per i composti con l'ossigeno non si riscontrava invece la stessa regolarità; la valenza limite in questo caso cresceva fino a 5 (Li_2O, BeO, B_2O_3, CO_2, N_2O_5), ma poi l'ossigeno e il fluoro presentavano rispettivamente la bi- e la mono-valenza (valenza 2 e 1).

Dopo questi primi sette elementi seguivano, in ordine di peso atomico crescente, sodio, magnesio, alluminio [Al], silicio [Si], fosforo [P], zolfo e cloro. Anche per questi elementi si assisteva ad una variazione graduale della valenza limite, e in maniera ancora più marcata che per il gruppo precedente. Infatti, mentre per i composti con l'idrogeno si ripetevano le valenze già viste, per i composti con l'ossigeno la valenza aumentava regolarmente da 1 a 7 in quanto gli ultimi due elementi, zolfo e cloro, mostravano rispettivamente la valenza 6 e 7 che non si riscontrava in ossigeno e fluoro. Inoltre, e questo è il fatto più significativo, ciascuno dei sette elementi ora menzionati presentava proprietà molto simili al corrispondente elemento dell'insieme dei primi sette con cui era stato incolonnato.

Dopo il cloro si susseguivano, al tempo di Mendeleev, potassio, calcio, titanio [Ti], vanadio [V], cromo [Cr] e manganese [Mn]. I primi due si incolonnavano naturalmente nel primo e nel secondo gruppo di elementi, cioè rispettivamente sotto i metalli alcalini litio e sodio e sotto gli alcalino-terrosi berillio e magnesio; il titanio, invece, non presentava alcuna analogia con il boro e l'alluminio che erano, tra l'altro, trivalenti, mentre il titanio presentava valenza 2 e 4; le proprietà del titanio erano invece analoghe a quelle di carbonio e silicio. Mendeleev interpretò tale discordanza ammettendo l'esistenza di un elemento ancora sconosciuto, che egli provvisoriamente chiamò eka-boro (*eka* è un termine che deriva dal sanscrito e vuole dire «primo»), che doveva trovare sede nel terzo gruppo, insieme a boro e alluminio, e che avrebbe dovuto possedere le caratteristiche tipiche degli elementi di quel gruppo. Quindi incolonnò il titanio sotto il silicio, il vanadio sotto il fosforo, il cromo sotto lo zolfo e il manganese sotto il cloro.

Si noti ... come la valenza limite stia diventando determinante al fine di stabilire la posizione dell'elemento nel sistema ... [e come] la rappresentazione si andava configurando suddivisa in periodi orizzontali e in gruppi verticali, in modo tale che la valenza massima di ogni elemento corrispondesse al numero del gruppo in cui l'elemento stesso aveva trovato sistemazione.

Dopo il manganese seguivano, sempre in ordine di peso atomico crescente, ferro [Fe], nichel [Ni], cobalto [Co], rame [Cu], zinco [Zn], arsenico [As], selenio [Se] e bromo. A questo punto Mendeleev notò che cessava quella graduale variazione di proprietà che si era riscontrata in precedenza passando da un elemento ad un altro. La triade ferro, nichel e cobalto presentava, ad esempio, caratteristiche fisiche e chimiche tanto simili da indurre il chimico russo a sistemarli tutti e tre in un'unica casella, dopo il manganese, inaugurando, in questo modo, un'ottava colonna. Lo studio accurato di questi tre elementi e dei loro composti lo indusse inoltre ad invertire di posto nichel e cobalto, sistemando nell'ottava colonna i tre elementi nel seguente ordine: ferro, cobalto e nichel. Pose successivamente il rame nella prima colonna, anche se in realtà le caratteristiche di questo elemento erano molto lontane da quelle dei metalli alcalini, ma lo fece confortato dal fatto che esso presentava la monovalenza (oltre alla valenza 2). In realtà una simile discrepanza si era già osservata per alcuni elementi precedenti, e precisamente dal titanio in poi, tanto che Mendeleev ritenne opportuno spostare leggermente detti elementi dall'incolonnamento, sdoppiando in pratica ciascun gruppo in due sottogruppi. Siccome la stessa cosa avveniva anche per lo zinco, alla fine lo spostamento complessivo risultò di 10 elementi (includendo anche quello sconosciuto): ad essi fu dato il nome di *elementi di transizione*.... [A]pplicando i criteri fin qui seguiti, non è difficile procedere alla sistemazione dei restanti elementi...

[Mendeleev non] sapeva nulla sulla costituzione intima dell'atomo.... [Tuttavia], ordinando gli elementi secondo le loro caratteristiche chimiche, inconsapevolmente ... suggeriva che l'atomo non poteva considerarsi un semplice blocchetto di materia inerte, ma doveva possedere una struttura interna ordinata, poiché solo in questo modo si potevano giustificare le variazioni graduali delle proprietà chimiche e fisiche degli elementi al crescere del loro peso. Per esempio, litio, sodio e potassio, che stanno su righe diverse ma nella stessa colonna, hanno proprietà simili, che non possono essere spiegate appellandosi semplicemente al crescere del loro peso.

È difficile esagerare il successo della Tavola periodica. Mendeleev non si era limitato a ordinare gli elementi esistenti: aveva trovato posto per elementi ancora da scoprire (il suo sistema conteneva, come abbiamo visto nel caso dell'eka-boro, dei posti vuoti) e in alcuni casi, in base alla logica che aveva evidenziato, era stato in grado di prevederne le proprietà. Oltre all'eka-boro, congetturò infatti l'esistenza di un eka-alluminio e di un eka-silicio, con precise caratteristiche; sapendo dunque che cosa cercare, Lars Fredrik Nilson, Paul Émile Lecoq de Boisbaudran e Clemens Winkler li trovarono (con le caratteristiche previste), rispettivamente nel 1879, 1875 e 1886, denominandoli (dalle loro nazionalità) scandio (Sc), gallio (Ga) e germanio (Ge). Nel corso degli anni tutti gli altri vuoti lasciati da Mendeleev nella tavola furono riempiti (con minimi aggiustamenti) da nuove scoperte, confermando a ogni passo la sua costruzione concettuale.

Fatto ancor più sbalorditivo: i radicali mutamenti verificatisi nella scienza (fisica) del XX secolo, in particolare la teoria della relatività di Einstein e la meccanica quantistica inaugurata da Max Planck, nonostante le autentiche rivoluzioni che hanno introdotto nella nostra generale visione del mondo, non sono valsi a intaccare la struttura della tavola. Anzi, il modello atomico proposto originariamente da Ernest Rutherford e poi elaborato su basi quantistiche da Niels Bohr risulta perfettamente compatibile con la sistemazione di Mendeleev (che, ricordiamo, non conosceva la struttura dell'atomo) e ne fornisce un'ulteriore conferma. È una circostanza inconsueta e che invita alla riflessione: in un terremoto cognitivo quasi ininterrotto, in cui la realtà veniva costantemente reinterpretata e i suoi fondamenti risultavano pur sempre misteriosi, un'ipotesi formulata 150 anni fa è risultata stabile e resistente a ogni scossa. Stabile come gli elementi di cui tratta.

1	1 H																		2 He
2	3 Li	4 Be												5 B	6 C	7 N	8 O	9 F	10 Ne
3	11 Na	12 Mg												13 Al	14 Si	15 P	16 S	17 Cl	18 Ar
4	19 K	20 Ca	21 Sc		22 Ti	23 V	24 Cr	25 Mn	26 Fe	27 Co	28 Ni	29 Cu	30 Zn	31 Ga	32 Ge	33 As	34 Se	35 Br	36 Kr
5	37 Rb	38 Sr	39 Y		40 Zr	41 Nb	42 Mo	43 Tc	44 Ru	45 Rh	46 Pd	47 Ag	48 Cd	49 In	50 Sn	51 Sb	52 Te	53 I	54 Xe
6	55 Cs	56 Ba	57 La	*	72 Hf	73 Ta	74 W	75 Re	76 Os	77 Ir	78 Pt	79 Au	80 Hg	81 Tl	82 Pb	83 Bi	84 Po	85 At	86 Rn
7	87 Fr	88 Ra	89 Ac	**	104 Rf	105 Db	106 Sg	107 Bh	108 Hs	109 Mt	110 Ds	111 Rg	112 Cn	113 Uut	114 Fl	115 Uup	116 Lv	117 Uus	118 Uuo

* Lantanoidi	58 Ce	59 Pr	60 Nd	61 Pm	62 Sm	63 Eu	64 Gd	65 Tb	66 Dy	67 Ho	68 Er	69 Tm	70 Yb	71 Lu
** Attinoidi	90 Th	91 Pa	92 U	93 Np	94 Pu	95 Am	96 Cm	97 Bk	98 Cf	99 Es	100 Fm	101 Md	102 No	103 Lr

Metalli alcalini	Metalli alcalino terrosi	Lantanoidi	Attinoidi	Metalli del blocco d
Metalli del blocco p	Semimetalli	Nonmetalli	Alogeni	Gas nobili

Ogni gruppo (colonna) comprende gli elementi che hanno la stessa configurazione elettronica esterna. In ogni periodo (riga) il numero atomico Z aumenta di una unità a ogni passaggio. A temperatura 298K e pressione unitaria gli elementi numerati in blu sono liquidi, quelli in verde gas e quelli in nero solidi; quelli in rosso sono artificiali (il tecnezio Tc è presente in minime quantità nelle miniere di uranio e nelle giganti rosse; righe spettrali del promezio Pm sono state

1. Elementi

Vari aspetti della storia che abbiamo raccontato verranno tematizzati ed elaborati nelle pagine che seguono: la stabilità appena menzionata, per esempio, e l'analogia di cui si è detto fra la Tavola periodica e un alfabeto. In chiusura di questo capitolo, vogliamo concentrarci sulle specifiche modalità operative di Mendeleev: su come lo scienziato si è concretamente mosso nel costruire il suo sistema.

In primo luogo, due figure di scienziato dominano l'immaginario popolare. Una è quella dello scienziato-filosofo, il cui esempio più caratteristico è probabilmente Einstein: una persona astratta (separata, cioè) dalla vita quotidiana, persa nel tentativo di risolvere problemi universali, spesso un po' lunatica ma capace di illuminare all'improvviso un'antica questione stravolgendola e inquadrandola in una prospettiva radicalmente nuova. L'altra è quella dello scienziato-imprenditore: un personaggio come Thomas Alva Edison o Alexander Graham Bell, o ai giorni nostri Craig Venter, fra i primi a sequenziare il genoma umano e a creare una cellula sintetica e allo stesso tempo fondatore e direttore di svariate aziende che da queste scoperte traggono utili immensi – un individuo insomma di bell'ingegno, anche nel trovare un valore commerciale per il progresso scientifico. Mendeleev sta in mezzo fra questi due modelli, come la chimica. Il suo interesse è puramente teorico, antico come la conoscenza stessa: ordinare gli elementi di cui è costituito l'universo. Ma questo interesse è perseguito senza voli pindarici, con l'umiltà di un artigiano che guarda al suo manufatto da ogni punto di vista e pazientemente, un piccolo passo dopo l'altro, lo corregge qua e là usando tutti gli strumenti a sua disposizione, finché la sedia non traballa più, le pietre del muro a secco s'incastrano a perfezione o il motore dell'automobile «suona» giusto. E, come nel caso della sua disciplina, anche la medietà dello scienziato-artigiano risulta a suo modo estrema: il filosofo e l'imprenditore hanno bisogno di essere associati a una grande idea, se possibile formulata in uno slogan, perché hanno qualcosa da vendere (una visione o una merce) e il pubblico si distrae facilmente; lo scienziato-artigiano non sa che farsene di frasi a effetto – l'unica cosa che conta per lui è che la sedia stia bene in piedi e l'automobile cammini.

Secondo, nell'usare molteplici strumenti e punti di vista lo scienziato-artigiano non trascura i contributi «esterni». Si è soliti contrapporre le scienze alle arti, dimenticando che (notavamo nella prefazione) entrambe sono prodotti umani, quindi in entrambe si riflette la nostra umanità. Mendeleev (simile in ciò ad altri, come abbiamo visto) non ha chiusure del genere: le risonanze che cerca nell'alfabeto degli elementi sono le stesse che ha imparato a esercitare e apprezzare suonando il piano.

Infine, un artigiano è inevitabilmente guidato da criteri e valori estetici. La sedia o il muro che costruisce devono essere non solo funzionali ma anche eleganti. Ci sono un'eleganza e quindi una bellezza fatte di ordine e simmetria nella Tavola periodica, e lo scienziato-artigiano non può non vederle come segni di verità. Per evocare l'incanto di questa bellezza e l'orgogliosa umiltà di chi sa scoprirla rivolgiamoci ancora una volta al *Sistema periodico* di Primo Levi:

> [V]incere la materia è comprenderla, e comprendere la materia è necessario per comprendere l'universo e noi stessi: e … quindi il Sistema Periodico di Mendeleev … [è] una poesia, più alta e più solenne di tutte le poesie digerite in liceo: a pensarci bene, aveva perfino le rime! (43)

> Gli dissi che andavo in cerca di eventi, miei e d'altri, che volevo schierare in mostra in un libro, per vedere se mi riusciva di convogliare ai profani il sapore forte ed amaro del nostro mestiere, che è poi un caso particolare, una versione più strenua, del mestiere di vivere. Gli dissi che non mi pareva giusto che il mondo sapesse tutto di come vive il medico, la prostituta, il marinaio, l'assassino, la contessa, l'antico romano, il congiurato e il polinesiano, e nulla di come viviamo noi trasmutatori di materia; ma che in questo libro avrei deliberatamente trascurato la grande chimica, la chimica trionfante degli impianti colossali e dei fatturati vertiginosi, perché questa è opera collettiva e quindi ano-

nima. A me interessavano di più le storie della chimica solitaria, inerme e appiedata, a misura d'uomo, che con poche eccezioni è stata la mia: ma è stata anche la chimica dei fondatori, che non lavoravano in équipe ma soli, in mezzo all'indifferenza del loro tempo, per lo più senza guadagno, e affrontavano la materia senza aiuti, col cervello e con le mani, con la ragione e la fantasia. (207)

Sarebbe possibile obiettare che esistono scienziati-artigiani in ogni disciplina e dunque la chimica non ha in proposito nulla di speciale; ma l'obiezione sarebbe male indirizzata. Come abbiamo spiegato nell'introduzione, a noi non interessa stabilire una qualche priorità per la pratica empirica che va sotto il nome di chimica. Ci interessa invece portare alla luce una forma di attività scientifica che si manifesta con particolare vividezza nella chimica ma si applica alla scienza – e in generale alla conoscenza – in modo del tutto trasversale. E ci interessa farlo perché, nonostante la scienza e la conoscenza in generale le debbano molto, questa attività è regolamente sottovalutata, quando non dimenticata – come del resto è spesso la chimica. Il nostro, sarà bene ripeterlo, è un libro non di chimica ma di filosofia chimica; e tale filosofia ha corso (un corso perlopiù sotterraneo, carsico) ovunque.

2. Forme

Nel *Fedone*, Socrate interroga: «La realtà dell'essere ... permane invariabilmente costante o è variabile? L'eguale in sé, il bello in sé, e insomma ogni data cosa che è in sé, l'ente, c'è mai caso che patisca mutazione veruna, sia pure in qualunque modo? oppure, ciascuna di queste cose che è in sé, che è uniforme in quanto si consideri esclusivamente in sé, permane invariabilmente costante, e non si dà mai il caso che per nessuna via e per nessun modo patisca alterazione veruna?». Cebète, destinato in questa fase del dialogo a fornire tutte le opportune risposte alle domande retoriche del maestro di saggezza, conferma: «Necessariamente, o Socrate, ... permane invariabilmente costante». Il maestro allora incalza: «E dimmi: che pensi tu delle infinite cose, come uomini, cavalli, vesti, e così via di tutte le altre quali esse siano o eguali o belle, e insomma di tutte quante alle quali diamo lo stesso nome che alle cose in sé? Permangono esse costanti, oppure tutto il contrario che a quelle, non si dà mai che conservino lo stesso rapporto, né esse rispetto a se stesse né le une rispetto alle altre, e insomma non siano mai per nessun modo costanti?». «Vero anche questo, disse Cebète: non sono mai allo stesso modo». Si afferma così una radicale differenza metafisica, che ha immediatamente un risvolto cognitivo: «Bene: e tu codeste cose puoi toccarle, puoi vederle, puoi comunque percepirle con gli altri sensi; ma quelle che permangono costanti non c'è altro mezzo col quale tu le possa apprendere se non col pensiero e con la meditazione: perché quelle di questa specie sono invisibili e non si possono percepire con la vista. Non è vero? – Perfettamente vero, egli disse, è questo che dici» (135).

Il contrasto formulato da Platone è di lampante chiarezza. Solo oggetti immutabili possono davvero *essere*; quello spaziotemporale è invece un mondo di fantasmi, di creature che mutano costantemente e non possono mai essere descritte in modo definito – non sono mai questa *e non un'altra* cosa, ma sempre questa *e mille altre* cose. Tali creature dunque non possono nemmeno essere conosciute, perché nulla è conosciuto se non si sa *che cosa* si conosce. (Emerge così l'intima radice platonica di Kant, priva però della sua rivoluzionaria intuizione «copernicana»: che cosa si conosca è determinato non dalle cose in quanto tali – in sé – ma da un atto di scelta, di *sintesi*.) Quel che si può conoscere sono entità ideali perpetuamente identiche a sé stesse, le *forme*, di cui gli oggetti spaziotemporali sono pallidi, illusori riflessi. La vita quotidiana si svolge nella caverna, al cospetto di ombre, in un'atmosfera di irrealtà e di mera opinione; di essa non ci può essere scienza. Per educare i futuri reggenti dello Stato alla visione di ciò che autenticamente esiste, occorre *distrarli* dallo spaziotempo, concentrare la loro attenzione su oggetti matematici che, come le forme, sono immutabili e sperare che, prima o poi, in questo estraniamento dalla finzione che tutti ci avvolge, qualcosa scatti nella loro anima e le forme divengano loro accessibili.

Oggi sembriamo lontanissimi dalla visione platonica; la nostra scienza, in particolare, sembra profondamente opposta a una concezione così mistica. Viviamo una pratica scientifica «moderna» fatta di prove empiriche, di sperimentazione, di congetture e teorie sottoposte al vaglio del pubblico esame, non (apparentemente) di illuminazioni private ed esclusive. Ciò nonostante, siamo in un rapporto di stretta parentela con il modello del *Fedone*; se il rapporto ci risulta oscuro (e la nostra convinzione di modernità è, in questo senso, forse più robusta di quel che dovrebbe) è per via di due modifiche introdotte nel modello, le quali, per importanti che siano, non ne intaccano il fondamentale atteggiamento nei confronti della conoscenza e dell'essere.

La prima modifica la dobbiamo ad Aristotele: le forme abitano il mondo spaziotemporale, che può essere conosciuto *nella sua dimensione formale*. L'oggetto Socrate è un sinolo di materia e forma, quindi ha alcune proprietà necessarie, *essenziali*, e altre puramente accidentali. Solo di ciò che è necessario si può avere conoscenza scientifica («Tutti ammettiamo che ciò che conosciamo per scienza non può essere diversamente da quello che è», *Etica nicomachea* 591); quindi si può avere conoscenza scientifica di Socrate in quanto se ne studiano le proprietà essenziali – che peraltro non sono diverse da quelle di Callia: coincidono con la sua animalità e razionalità. Se invece cerchiamo qualcosa che possa essere un *oggetto* della scienza, non soltanto studiato dalla scienza in alcune sue caratteristiche, lo troveremo ancora una volta in entità immutabili («ciò che è oggetto di scienza esiste necessariamente. Di conseguenza è eterno», *ibid.*) quali quelle studiate da matematica e astronomia: i corpi celesti infatti, composti di etere, tracciano eternamente inalterabili i medesimi percorsi, simili in ciò ai numeri e alle figure geometriche che mostrano eternamente le stesse proprietà e relazioni.

La seconda modifica segna il passaggio dalla scienza aristotelica alla «nuova scienza» di Bacone, Galileo e Cartesio. Porta al crollo della distinzione fra mondo celeste e sublunare, alla consapevolezza che variabilità, generazione e corruzione sono un destino comune dell'universo; ma non rinnega il legame costitutivo fra scienza e dimensione formale dell'essere. È solo che tale dimensione formale non viene più estrinsecata in specifici oggetti immutabili o in caratteristiche immutabili di oggetti peraltro caduchi: si esprime invece nell'immutabilità di *leggi* fisico-matematiche. Ciò di cui abbiamo conoscenza matematica, afferma Galileo nel *Dialogo sui massimi sistemi*, lo conosciamo da un punto di vista *intensivo*, cioè in termini non dell'ampiezza della nostra conoscenza ma della sua chiarezza e cogenza, in modo perfetto. Neppure Dio potrebbe conoscerlo meglio (una tesi che causò al suo autore seri problemi con il tribunale ecclesiastico). E sono queste verità matematiche che conosciamo quando facciamo scienza: nei *Primi principi metafisici della scienza della natura* Kant dichiara che «in ogni dottrina particolare della natura si può trovare solo tanta scienza *propriamente detta*, quanta è la *matematica* che si trova in essa» (11). A rendere ancora più evidente il legame fra la nuova scienza e le tesi platoniche Cartesio, nella Seconda Meditazione, «dimostra» che solo la mente ha accesso alla verità di un qualsiasi oggetto (in quel caso, di un pezzo di cera): i sensi sono testimoni di un cambiamento e quindi di un'illusione costanti. E la verità che la mente conosce è quella della struttura matematico-formale del mondo.

Il punto è delicato; varrà la pena di elaborarlo. Certo la scienza contemporanea non si pone come obiettivo di distrarsi da oggetti ed eventi quotidiani. Conduce anzi su di essi un'analisi costante e rigorosa, non solo osservandoli passivamente (come avrebbe fatto Aristotele) ma sollecitandoli con vigore (in laboratorio) ed esaminandone le reazioni. Tutto ciò che viene ottenuto con tali metodi, però, sono dei dati, *e la scienza non consiste nel raccogliere dati*. Perché si dia scienza, i dati andranno riscattati cristallizzandoli in un'equazione, e sarà allora che la scienza avrà finalmente raggiunto il suo oggetto, un oggetto che abiterà magari lo spaziotempo ma è tanto distinto dagli *altri* oggetti che lo abitano quanto le forme platoniche dalle ombre proiettate sulla parete della caverna. Platone inoltre, abbiamo visto, considera quello con le forme un rapporto privato, analogo alla visione (nessuno può vedere al posto di un altro); Aristotele riserva una speciale virtù, il *noûs*, alla conoscenza dei principi, senza apprendere i quali non è possibile fare scienza – e una virtù non si può direttamente comunicare; si può solo (come la visione platonica delle forme) risvegliare (ammesso che ci sia) e rafforzare con l'esercizio e con l'esempio. È poi tanto diverso il *nostro* giudizio quando c'inchiniamo alla superiore intuizione dello scienziato-filosofo, che sola può illuminare un groviglio di dati altrimenti incomprensibili? Ci siamo davvero affrancati in questo giudizio dalla trascendenza delle forme, dal suo conferire dignità intellettuale agli oggetti comuni riflettendosi in essi, dal fatto che la sua natura non possa essere colta se non per tramite di un evento intuitivo che a sua volta trascende l'esperienza comune?

Non intendiamo criticare o svalutare le intuizioni di scienziati altamente creativi che con la loro «mente» hanno saputo «vedere» il mondo, e con qualche difficoltà farlo vedere anche a noi, in prospettive rivoluzionarie. Vogliamo segnalare e discutere, però, un approccio diverso alla conoscenza, più modesto e circoscritto, in cui i dati non sono il trampolino di lancio per ambiziose ipotesi universali ma l'oggetto stesso del conoscere. Un approccio comune in chimica ma non solo, che possiamo introdurre giocando su un'ambiguità semantica. La parola «forma», infatti, che finora abbiamo usato nel suo nobile significato platonico, ha anche un uso più ordinario e corrente: quello in cui si dice che una torta ha forma circolare o una finestra ha forma quadrata. E ci sarà molto da imparare riportando questa parola dall'ultraterreno regno delle idee a una realtà più consueta fatta di torte e finestre.

Dalla geometria delle scuole secondarie abbiamo imparato che due triangoli sono *simili* se i loro tre angoli hanno la medesima ampiezza. Questa nozione può anche essere definita facendo riferimento non a quel che i triangoli hanno di uguale (gli angoli) ma a quel che hanno di diverso: i lati. In triangoli simili infatti i lati in generale non hanno la stessa lunghezza (fatta eccezione per il caso limite di due triangoli identici, che sono pur sempre simili) ma le loro lunghezze sono legate da un preciso rapporto di proporzionalità. Triangoli simili possono avere lati di lunghezza 3, 4, 5 oppure 6, 8, 10 oppure 9, 12, 15; ma non potrebbero mai avere lati di lunghezza 3, 4, 5 e 6, 8, 9. Siccome la somiglianza fra triangoli sembra cogliere esattamente il senso più comune e ovvio di «forma», separandolo da quello di dimensione o grandezza, potremmo concepire questo senso di «forma» come espresso da un insieme di vincoli, cioè di correlazioni, fra le parti di un oggetto. La forma di un triangolo, allora, sarà una certa relazione proporzionale fra le lunghezze dei suoi lati (3/4=6/8=9/12; 4/5=8/10=12/15; 3/5=6/10=9/15); la forma di una circonferenza (la stessa per tutte le circonferenze) sarà quella che obbedisce al vincolo che tutti i suoi punti siano a una distanza fissa *r* (detta *raggio*) da un punto detto *centro*.

Il vantaggio di definire la forma come insieme di correlazioni consiste nel permettercene applicazioni illimitate, in particolare non ristrette a un ambito *a priori* (indipendente cioè dall'esperienza) qual è quello geometrico. Ovunque i dati sperimentali evidenzino la stabilità di certe correlazioni potremo dire che emerge una forma, non come idea astratta accessibile alla mente ma come realtà rivelata direttamente dai dati. Forme così intese sono caratteristiche del pensiero chimico ma, per illustrare il fatto che tale pensiero valica i confini di una particolare disciplina empirica, lo mostreremo in azione ora in una scienza diversa – la zoologia.

In un classico saggio del 1960, Pierre Jolicoeur e James Mosimann analizzarono la variabilità fenotipica della specie di tartaruga dal nome scientifico *Chrisemis picta marginata*, ben sapendo che le dimensioni degli animali sono influenzate dall'età, dal sesso e dallo stato di nutrizione. Raccolsero dunque 48 soggetti equamente divisi fra maschi e femmine e, sul carapace di ciascuno di essi, operarono tre misure: lunghezza, larghezza e spessore. Alcune di queste misure sono riportate nella tabella seguente, espresse in millimetri.

tartaruga	sesso	lunghezza	larghezza	spessore
T25	F	98	81	38
T26	F	103	84	38
T27	F	103	86	42
T28	F	105	86	40
T29	F	109	88	44
T30	F	123	92	50

tartaruga	sesso	lunghezza	larghezza	spessore
T7	M	104	83	39
T8	M	106	83	39
T9	M	107	82	38
T10	M	112	89	40
T11	M	113	88	40
T12	M	114	86	40
T13	M	116	90	43

Si noti come in questi dati, all'aumentare della lunghezza, aumentino anche la larghezza e lo spessore del carapace dei soggetti, e come la correlazione fra tali valori sembri rimanere stabile quali che siano le dimensioni degli animali, quindi anche le loro differenze genetiche e ambientali. Riassumendo i dati in un grafico, questa impressione viene confermata. (Nel grafico, ogni soggetto corrisponde a un punto nel piano, individuato dalla sua lunghezza come ascissa e dalla sua larghezza come ordinata, e la retta intorno a cui si affollano i punti è calcolata a partire dai punti stessi, *non a priori dunque*: è semplicemente la retta che passa più vicina a tutti i punti – intorno a cui i punti più si affollano. *r* è il coefficiente di correlazione di Pearson: un indice statistico che misura l'adattamento dei dati alla retta e può variare da un massimo di 1, in cui tutti i punti cadono sulla retta, a un minimo di 0, in cui la retta non mostra alcun potere di aggregazione, mentre un valore -1 indica un massimo di correlazione negativa in cui, al crescere della variabile in X, la variabile in Y diminuisce.)

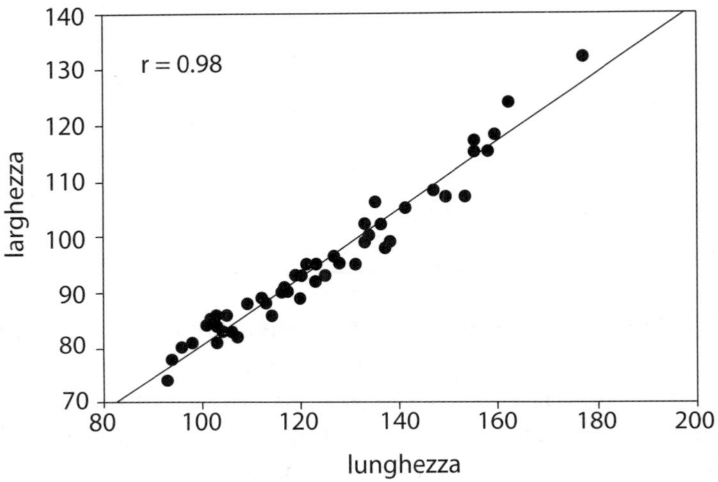

Come si può vedere, il valore di *r* è molto alto, il che suggerisce l'esistenza di una forma tipica del carapace delle tartarughe secondo cui non sarebbe possibile, se non per minime deviazioni, variare indipendentemente lunghezza e larghezza ma a una variazione in una dimensione corrisponde necessariamente una variazione proporzionale nell'altra: una tartaruga piccola si situerà a sinistra e in basso nel grafico, una grande in alto a destra; ma non osserveremo mai coppie di valori che si allontanino molto dalla «forma ideale» rappresentata dalla retta di equazione Larghezza = 19,94 + 0,605 × Lunghezza, emersa direttamente dai dati come quella che passava più vicino ai punti nel piano. La costante di proporzionalità, in questo caso 0,605, ha lo stesso ruolo del rapporto costante fra i lati dei triangoli simili. Ed è opportuno insistere che questo rapporto non deriva da principi (definizioni e assiomi) imposti dallo scienziato (nel caso dei triangoli simili, dal geometra euclideo), che poi ritroverà le conseguenze del suo stesso atto d'imposizione nei teoremi dedotti logicamente da quei principi, e la forma ideale non richiama il mondo delle idee. Rapporto e forma si trovano in natura; lo scienziato, al massimo, ne dà una versione semplificata e approssimata.

I fisici chiamano questa situazione una *rottura di simmetria*, nel senso che il piano del grafico, che possiamo immaginare come raffigurante le possibilità teoricamente a disposizione degli enti sotto esame, non è tutto occupato dalla variabilità del sistema, che è ridotta a un movimento monodimensionale lungo una retta. Una situazione simmetrica segnalerebbe una totale indipendenza reciproca degli elementi del sistema, che potrebbero presentarsi in qualsiasi posizione e variare in qualsiasi misura. Qui, dove la simmetria è rotta, si mettono in luce delle configurazioni stabili cui non si può far violenza più di tanto: si mostra una specie di resistenza intrinseca dell'oggetto di studio che ci costringe a seguirne il profilo – la forma, appunto, espressione di un repertorio magari ampio ma non illimitato di alternative.

L'atteggiamento che domina la ricerca chimica è quello illustrato dal nostro esempio. L'oggetto di studio sono forme stabili – le molecole – corrispondenti al soddisfacimento di vincoli costruttivi (le regole di valenza) che permettono l'esplorazione di uno spazio virtualmente infinito di combinazioni nel rispetto però di una coerenza interna molto forte, di una rigorosa correlazione fra le parti. La simmetria è esclusa; sono *date* regole che condizionano la struttura delle molecole; queste non si possono modificare a piacere ma attraverso reazioni chimiche una molecola si può tras*forma*re in un'altra, corrispondente a un'altra configurazione che soddisfi i vincoli di valenza – e il passaggio dall'una all'altra molecola è *discreto* come sono i numeri naturali 1, 2, 3, nel senso che *non c'è nessun numero* fra 1 e 2 e *nessuna molecola intermedia* fra quelle coinvolte nella trasformazione; non continuo come i numeri razionali, per cui vale che fra ogni coppia di numeri ce ne siano infiniti in mezzo. Se ancora nel caso del carapace delle tartarughe possiamo immaginare che le variazioni (per quanto minime) di forme si realizzino mediante un passaggio continuo per un'infinità di stadi intermedi potenzialmente osservabili, qui un simile passaggio è fuori discussione. In una reazione chimica, si può solo «saltare» da una forma discreta ammessa (che cioè soddisfi i vincoli di valenza) a un'altra. Durante la reazione si formerà un *intermedio di reazione* o *complesso attivato*, che viola le leggi di valenza, ma proprio a causa di questa violazione la sua sarà un'esistenza labilissima corrispondente a un picco di energia, che il sistema abbandonerà subito per «atterrare» (proprio come chi faccia un salto) sulle forme stabili dei prodotti di reazione, cioè su molecole ammesse – le sole osservabili per tempi macroscopici (superiori al millisecondo).

Un semplice esempio chiarirà meglio quel che intendiamo. Supponiamo di prendere del bicarbonato per combattere l'acidità di stomaco. Quel che stiamo facendo è provocare una reazione chimica: mettiamo in contatto l'acido cloridrico HCl, che ci tormenta intaccando le cellule della mucosa gastrica, con il bicarbonato di sodio $NaHCO_3$. La reazione sconvolge i rapporti fra gli elementi, ma non in modo casuale o caotico: facendo invece acquisire loro una nuova configurazione ammessa – enunciando una nuova parola nel vocabolario delle configurazioni possibili. L'atomo di sodio (Na) contenuto nel bicarbonato si lega all'atomo di cloro contenuto nell'acido dando luogo a una molecola di cloruro di sodio NaCl, che si deposita inerte nello stomaco e poi si scioglie. I due atomi d'idrogeno si legano a un atomo di ossigeno producendo una molecola d'acqua H_2O, anch'essa del tutto inoffensiva. Gli atomi restanti – altri due di ossigeno e uno di carbonio – si uniscono in una molecola di anidride carbonica CO_2, che dallo stomaco «erutta» attraverso la bocca. Ecco: abbiamo digerito. Da una specifica combinazione di elementi in due molecole HCl + $NaHCO_3$ siamo passati in modo discreto a un'altra combinazione specifica degli stessi elementi in tre molecole NaCl + H_2O + CO_2: gli elementi si sono mossi da certe posizioni su una scacchiera ad altre, ma rimanendo sempre bene al centro delle loro caselle, non in bilico o sui bordi.

La forma del carapace di una tartaruga, avevamo detto, è

forma in un senso molto più concreto, *spaziale*, delle forme platoniche. Le «forme» ammesse delle molecole cui siamo arrivati adesso, invece, sono ancora astratte: caratterizzate come pure modalità di aggregazione degli elementi. Le molecole, però, vivono nello spazio, quindi è possibile rappresentarle non solo algebricamente attraverso una formula, che d'ora in avanti chiameremo *formula bruta*, ma anche in un modo che renda conto della loro configurazione spaziale. Un primo importante passo in questo senso ci porta alla *formula di struttura*, in cui sono rappresentati i legami che costituiscono una molecola. Torniamo alla molecola d'acqua, che già abbiamo espresso con la formula bruta H_2O indicando le proporzioni in cui atomi d'idrogeno e di ossigeno si combinano per generarla. Scendendo nel dettaglio, in un atomo gli elettroni sono disposti a vari livelli energetici; l'ossigeno, che ha in tutto otto elettroni, ne ha sei all'ultimo livello, quello più esterno. In una molecola d'acqua, due di questi elettroni esterni si combinano con i singoli elettroni di due atomi d'idrogeno e gli altri quattro rimangono spaiati. Nella cosiddetta *notazione di Lewis*, in cui le coppie di elettroni non coinvolti in un legame (dette *coppie solitarie*, in inglese *lone pairs*) sono rappresentate come coppie di punti, otteniamo la seguente formula di struttura:

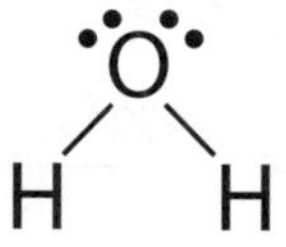

(A rigore, questi legami chimici *covalenti*, così detti perché coinvolgono la messa in comune di elettroni esterni, o *di valenza*, degli atomi interagenti, sono più simili a molle che a giunti rigidi, ma le oscillazioni che essi permettono intorno alle posizioni di equilibrio non alterano la costanza dei rapporti spaziali fra gli atomi che costituiscono una molecola e sono del tutto irrilevanti per spiegare le proprietà fisico-chimiche del composto. Tale invarianza fa sì che modelli geometrici ipersemplificati di una molecola, nel nostro caso d'acqua, risultino più efficienti di modelli più dettagliati.)

Possiamo andare oltre, e dare una rappresentazione ancor più esplicitamente spaziale della stessa molecola. Sappiamo infatti che intorno all'atomo di ossigeno (il quale, in contrasto con quello d'idrogeno, ha carica elettrica negativa) ci sono quattro zone elettronegative (due coppie solitarie e due elettroni di legame), che per repulsione elettrostatica (cariche di segno uguale si respingono) tendono a disporsi il più lontano possibile l'una dall'altra. Quindi la molecola dell'acqua è piegata, con un angolo di 104,45°, e presenta due poli, uno negativo in corrispondenza dell'ossigeno e uno positivo in mezzo ai due idrogeni. Una molecola così si chiama *dipolo* ed è rappresentabile in modo più dettagliato come segue:

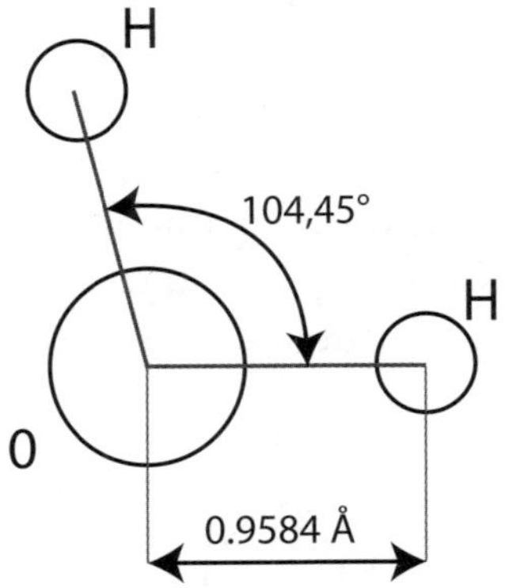

(Il simbolo Å abbrevia l'unità di lunghezza *ångstrom*, che prende il nome dal fisico svedese dell'Ottocento Anders Jonas Ångstrom, corrisponde a un decimiliardesimo di metro ed è usata per misurare lunghezze microscopiche.)

Per effetto della polarità, le molecole d'acqua tendono ad avvicinarsi e unirsi. La parte negativa di una molecola d'acqua, l'ossigeno, tende ad avvicinarsi a quella positiva di un'altra, l'idrogeno, e così via di molecola in molecola, creando un legame detto *legame idrogeno* o *legame a ponte d'idrogeno*. Nella figura seguente il legame idrogeno fra due molecole d'acqua è indicato con una linea tratteggiata, mentre gli eccessi di carica positiva e negativa (poli) sono indicati, secondo il formalismo comune, con la lettera greca delta:

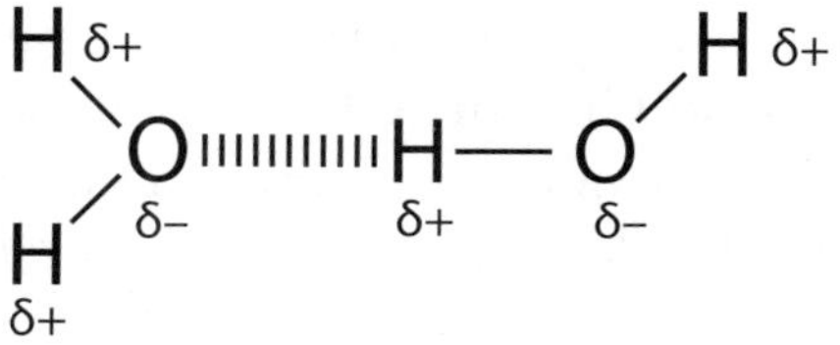

E questa forma elementare, altamente invariante, stabilita a livello atomico dalle regole di valenza, espande il suo raggio d'azione fino a spiegare tutte le caratteristiche uniche dell'acqua: le sue proprietà di coesione e di adesione che rendono possibili onde marine, cascate e giochi d'acqua; la geometria dei cristalli di ghiaccio; il fatto che quasi tutte le sostanze chimiche si sciolgano in acqua (in chimica il processo è detto *solvatazione*, con cui s'intende l'interazione tra soluto e solvente che porta le singole molecole di soluto a circondarsi di molecole di solvente; ci torneremo con maggiori dettagli nella conclusione); il fatto che, a differenza di ogni altra sostanza, l'acqua aumenti di volume quando si raffredda (e quindi il ghiaccio galleggi sull'acqua); il fatto che in generale si raffreddi e si riscaldi lentamente. A titolo illustrativo, basterà forse elaborare quest'ultima caratteristica: per riscaldare drasticamente l'acqua, in modo che cambi di stato, bisogna rompere i legami idrogeno, quindi è necessaria un'elevata quantità di calore, che provoca quella piccola catastrofe quotidiana nota come ebollizione. È facile sorridere oggi dell'antico catalogo dei quattro (o cinque) elementi degli antichi greci; ma bisogna ammettere che almeno con l'acqua, se non con l'aria, il fuoco o la terra (o l'etere), Empedocle e Aristotele fossero andati a segno nell'identificare una componente certo non elementare ma molto stabile e distintiva dell'universo.

Il discorso può essere generalizzato. Ogni formula bruta, coerente con le regole di valenza ma priva di connotazioni spaziali, viene trasformata in una forma geometrica, che stabilisce relazioni angolari fra gli atomi, mediante una teoria detta VSEPR (Valence Shell Electron Pair Repulsion), presentata originariamente all'Università di Oxford da Nevil Sidgwick e Herbert Powell nel 1940 e sviluppata nel 1957 allo University College di Londra da Ronald Gillespie e Ronald Sydney Nyholm (in onore dei quali è anche nota come teoria di Gillespie-Nyholm). La VSEPR è basata sulla semplice assunzione (da noi già vista all'opera, in un caso specifico, nella molecola d'acqua) che coppie di elettroni esterni dello stesso segno tendano a respingersi, quindi cerchino di sistemarsi il più lontano possibile fra loro, quindi adottino la configurazione che minimizza tale repulsione e così facendo determinino la geometria della molecola. Usando questo schema, e compiendo pochi calcoli esclusivamente con numeri naturali, siamo in grado di determinare una precisa forma spaziale a partire dai legami, atomi e coppie solitarie presenti in una molecola. È una procedura semplificata, perché evita l'enorme sofisticazione matematica della «sottostante» meccanica quantistica, e come tale ha dei limiti esplicativi; ciò nonostante (anzi, proprio per questo motivo), il suo successo pratico è altamente indicativo della natura spaziale delle «forme» chimiche.

E c'è di più. Le forme possibili secondo la VSEPR non sono continue ma ordinate in un'ulteriore successione discreta, che offre un sapore molto simile alla Tavola di Mendeleev. Si parte con una semplicissima struttura lineare (per esempio quella dell'anidride carbonica, che ha i due atomi di ossigeno situati ai due lati opposti dell'atomo di carbonio) e si prosegue guidati dalla necessità di «aggiustare» una quantità crescente di elementi. Il numero, detto *sterico*, che tiene conto di questa complessità crescente (e rappresenta il numero di atomi legati all'atomo centrale della molecola più il numero di coppie solitarie di elettroni dell'atomo centrale) è a sua volta un numero naturale. Siamo così ancora di fronte a un'opera artigiana in cui la generazione di forme stabili deriva dal soddisfacimento di un vincolo costruttivo: in questo caso, tenere alla maggiore distanza possibile le cariche dello stesso segno e avvicinare quelle di segno opposto. Le forme corrispondenti a tale criterio di ottimalità si generano insomma nello stesso modo in cui si disegnano dei treppiedi o degli sgabelli, distanziando fra loro nel modo più opportuno le varie «gambe» dell'oggetto.

L'inizio della tavola che ne risulta ha l'aspetto seguente. (Si noti che le geometrie riportate nella tavola, a differenza di quelle viste finora, sono tridimensionali, e che per rappresentarle viene adottata la cosiddetta *proiezione Natta*, dal nome del premio Nobel per la chimica Giulio Natta che la propose: i legami che si allontanano dall'osservatore sono indicati con un triangolo tratteggiato e quelli che gli si avvicinano con un triangolo intero.)

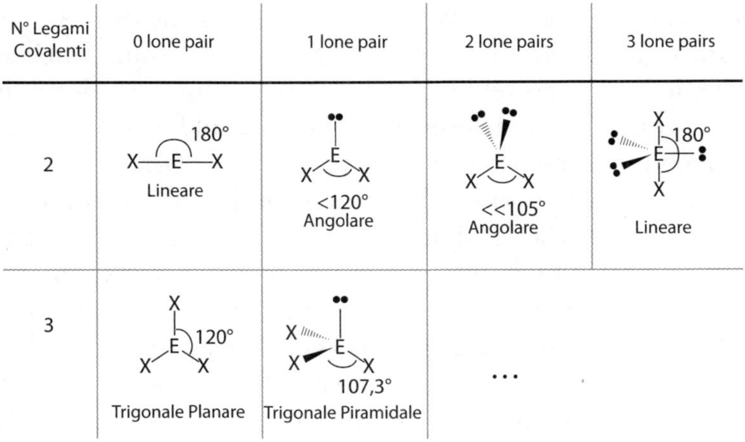

Il mondo che emerge da queste ricerche e considerazioni è davvero profondamente diverso da quello platonico, come anche dall'eredità platonica che, abbiamo osservato, permane indisturbata in ampia parte della scienza contemporanea. Non è un mondo confuso e arbitrario in cui indurre una parvenza di razionalità proiettandovi gli schemi eterni e inalterabili dell'intelletto. È un mondo che ci viene *dato* con una sua precisa identità e comprende un numero certo molto alto ma comunque definito di strutture stabili e ben riconoscibili, le quali sono quel che sono indipendentemente dalle idee che ce ne facciamo (o, direbbe Platone, ricordiamo dalla nostra esistenza ultraterrena). Queste strutture, inoltre, queste *forme*, sono spaziali; quindi ciò che incontriamo nello spazio (e nel tempo) non è una patetica illusione, un gioco d'ombre proiettato sulle pareti di una caverna: se la stabilità è condizione necessaria (e forse sufficiente) dell'essere, lo spazio(tempo) non ha bisogno di cercare il suo essere altrove. E la scienza può essere, anche, ricognizione e catalogazione di queste forme geometriche date.

In chiusura, converrà affrontare quello che qualcuno potrebbe aver avvertito come un elemento di tensione, quindi anche di perplessità. Nel capitolo precedente abbiamo introdotto il tema della medietà della chimica, in riferimento all'estensione del suo alfabeto, e abbiamo segnalato il fatto che di tale caratteristica troveremo numerosi altri esempi. Ma come conciliare la medietà, ci si potrebbe chiedere, con quanto si è detto qui sulla natura discreta delle entità chimiche, sul fatto che fra due entità chimiche adiacenti non ci sia niente *in mezzo*?

Nei termini spesso usati da uno di noi, la domanda rivela la natura polemica del significato (sulla quale prima avevamo sorvolato parlando di una semplice *ambiguità* nella parola «forma»). Ogni parola è teatro di una lotta fra istanze e interessi contrapposti, e «medietà» non fa eccezione. C'è una medietà fatta di differenze rigorose: un aristotelico trovare un preciso punto di equilibrio, quello e non altro, fra due estremi; un annoverare con metodo e pazienza, e in modo esauriente, tutti i diversi ma non infiniti punti di equilibrio. E c'è una medietà che, a furia di trovare *mediazioni*, finisce per sfumare e quindi annullare ogni differenza, e ridurci in presenza dell'Uno *indifferenziato*: un'unica entità continua e identica a sé stessa. Nel capitolo precedente avevamo suggerito che è possibile fare biologia in questo modo, vanificando il concetto stesso di specie in nome dell'infinita mediazione delle varietà. Qui abbiamo indicato come si possa anche fare biologia secondo un'accezione di medietà più affine al pensiero chimico: evidenziando forme robuste e durature, trovando nei dati un ben determinato profilo da seguire e puntualizzare con cura. Tensione e perplessità, dunque, sono il risultato di un'illusione ottica, o per meglio dire semantica: di una confusione fra due sensi di «medietà». Che però non è solo una confusione: è il terreno di un confronto, e di un conflitto, fra due diverse concezioni del metodo scientifico e del suo oggetto – cioè in definitiva del mondo.

3. Relazioni

Secondo Platone, abbiamo visto, quella spaziotemporale non è realtà perché è variabile e incostante. Se astraiamo dalla dimensione temporale dello spaziotempo, la manifestazione più ovvia di tale variabilità e incostanza si ha nel fatto che gli oggetti nello spazio sembrano non avere una natura propria ma disintegrarsi in una molteplicità di prospettive e relazioni diverse. Per quanto a fondo li si analizzi – li si divida, cioè, li si scomponga – non si arriva mai a un loro nucleo indipendente, a una loro primitiva sostanza: si trovano sempre parti che interagiscono con altre parti, e con l'esterno. Non è un caso, dunque, che Platone faccia di tutto per bandire le relazioni. Le forme sono oggetti ideali, archetipi di perfezione; le entità spaziotemporali non sono affatto; l'unico possibile candidato al rango di relazione sarebbe il rapporto fra le prime e le seconde, spesso detto *partecipazione*, ma il Nostro è piuttosto sibillino in proposito. Nel *Fedone*, per esempio, Socrate si esprime con grande cautela: «niente altro fa sì che quella tal cosa sia bella se non la presenza o la comunanza di codesto bello in sé, o altro modo qualunque onde codesto bello le aderisce. Perché io non insisto affatto su questo modo, e dico solo che tutte le cose belle sono belle per il bello» (166).

Il sistema platonico ha un carattere radicale; ma, anche senza arrivare a simili estremi, le relazioni sono state a lungo giudicate sospette e usate a scopi distruttivi. Classiche argomentazioni scettiche osservavano che il latte sembra dolce a una persona sana ma amaro a un malato, e le lenzuola sembrano calde al primo ma fredde al secondo, quindi non sappiamo se il latte o le lenzuola siano realmente l'una o l'altra cosa. Rivoltando queste conclusioni epistemologiche in una tesi metafisica (come abbiamo visto nel primo capitolo), gli atomisti antichi e i fondatori della scienza moderna sostenevano che dolce e amaro, caldo e freddo, colori, suoni e odori *non esistono*, non fanno parte del mondo, ma risultano dalle interazioni fra ciò che veramente esiste: le particelle materiali – incolori, inodori, insapori e dotate solo di proprietà geometriche e meccaniche. Nella (già menzionata) versione che John Locke dà di questa teoria nel secondo volume del *Saggio sull'intelligenza umana*, occorre distinguere fra le qualità primarie degli oggetti («la mole, la figura, il numero, la situazione e il moto delle parti dei corpi, che si trovano realmente in essi», 330) e «le qualità secondarie sensibili, che, dipendendo dalle prime, … non sono nelle cose stesse se non nel senso in cui una cosa qualunque è nella sua causa» (*ibid.*). E, per illuminare il tema dall'angolo che qui particolarmente ci interessa, le qualità primarie esistono perché appartengono alle cose quali sono in sé stesse, mentre le qualità secondarie non esistono perché sono puramente relazionali, perché dipendono appunto da come le cose interagiscono fra loro.

Un modo certo idiosincratico ma anche suggestivo di vedere l'ulteriore percorso della modernità è come una graduale riabilitazione di queste entità sospette. Tutta la logica dell'Ottocento si sforza di superare lo schema monadico di Aristotele – di passare da una teoria delle proprietà (monadiche perché si applicano a un solo oggetto) a una teoria delle relazioni – culminando nell'opera di Gottlob Frege che costituisce la base dei sistemi contemporanei; e nell'ontologia di Frege, con pari dignità degli oggetti, compaiono quelle che lui chiama *entità insature*, cioè, in sostanza, relazioni. A più riprese si tenta di fondare l'intera matematica sulla teoria degli insiemi, cioè su una teoria della relazione di appartenenza: l'unica nozione primitiva necessaria in ambito insiemistico. Né le cose cambiano molto per coloro (una minoranza, ma significativa) che optano invece per una fondazione sulla teoria delle categorie; in essa, infatti, il concetto di base è quello di freccia o funzione, e gli oggetti sono particolari funzioni (d'identità). Ferdinand De Saussure inaugura la fase attuale della linguistica definendo un segno non (aristotelicamente) per aggiunzione di tratti ma all'interno di un sistema di differenze da altri segni (nel caso di un fonema, la mia *d* può essere più simile alla tua *t* che alla tua *d*; ma tu la riconoscerai come una *d* avendo acquisito familiarità con il mio sistema di differenze, in particolare con il modo in cui la mia *d* si oppone alla mia *t*) e aprendo così la lunga e tormentata stagione della differenza all'interno dello strutturalismo, del post-strutturalismo e della loro numerosa parentela. In letteratura, sarà sufficiente un esempio. Vitangelo Moscarda, in *Uno, nessuno e centomila*, commenta la situazione di chi si trovi in imbarazzo in compagnia di due diversi amici e si senta infine costretto a licenziarne uno: «Perché? Ma perché voi ... vi siete scoperto due, uno così dall'altro diverso, che per forza a un certo punto, non resistendo più, avete dovuto mandarne via uno. Non il vostro vecchio amico, no; avete mandato via voi stesso, quell'uno che siete per il vostro vecchio amico, perché lo avete sentito tutt'altro da quello che siete, o volete essere, per il nuovo» (805). Perfino l'io, già tempio cartesiano di unicità e trasparenza, è ora una struttura relazionale, il teatro di un ininterrotto negoziato fra istanze contrapposte.

Nelle scienze della natura, questo percorso è piuttosto accidentato. Per rendere conto subito delle sue difficoltà, concentriamoci su un punto. In fisica, giudicata da molti (come abbiamo visto) la scienza fondamentale cui ogni altra dovrebbe idealmente essere ridotta, ci si è occupati molto negli ultimi decenni di isolare le particelle elementari che costituiscono l'universo. Come si comportano queste particelle ce lo dice la meccanica quantistica. Situiamoci dunque entro questa teoria e consideriamo un elettrone. Secondo la teoria, quando non è osservato l'elettrone non ha un valore definito per nessuno dei parametri che gli sono pertinenti ma si trova invece in una sovrapposizione di valori distinti per ciascuno di tali parametri. Non ha una velocità o una posizione definite, ma una sovrapposizione di velocità e posizioni distinte, ciascuna dotata di un suo coefficiente (ciascuna, per così dire, partecipe della sovrapposizione in una certa misura). Quando viene misurato rispetto a un certo parametro, si riduce *casualmente e istantaneamente* a un valore definito per quel parametro (se se ne misura la velocità, lo si trova sempre viaggiare a una velocità definita), con una probabilità che può essere calcolata con esattezza a partire dal coefficiente che quel valore aveva nella sovrapposizione. Il che, a uno sguardo poco benevolo, potrebbe sembrare il risultato artificioso e contorto di un'enfasi insistita sugli oggetti invece che sulle relazioni. Se lasciassimo perdere gli elettroni, che sono appunto oggetti, potremmo dire che quel che c'è sempre, prima e dopo la misurazione, è una struttura relazionale; e la misurazione ne illumina una parte. Altrimenti, sarà l'oggetto-elettrone a doversi assumere il carico di tutte le sue relazioni, portandosele dietro nella sovrapposizione di tutti i suoi valori possibili finché una di esse, e il valore che le compete, non si mettano in luce.

È solo un'idea, che qui non intendiamo perseguire (uno di noi l'ha fatto in altra sede); ed è anche vero che in zone di frontiera della fisica si stanno cercando da qualche tempo fondamenti matematici che facciano migliore giustizia a una struttura relazionale (non più il campo dei numeri reali o complessi, entro i quali finora sono state formulate le leggi fisiche, ma formalismi basati sulla teoria dei gruppi, o delle varietà, o dei numeri *p*-adici). Qui vogliamo approfondire il fatto che la dignità e autonomia delle relazioni sono centrali nel pensiero chimico, il quale dunque si può considerare ben inserito nel percorso «moderno» tratteggiato sopra.

Nel capitolo precedente abbiamo definito una forma come un insieme di vincoli o correlazioni fra le parti di un oggetto. L'insieme può essere rappresentato in una matrice bidimensionale (detta *di adiacenza*), in cui righe e colonne corrispondono alle diverse parti e un qualche simbolo (per esempio il numero

1) collocato all'incrocio di una riga e una colonna indica la presenza di un vincolo fra le parti in questione – un po' come in una tavola pitagorica della moltiplicazione i numeri da 1 a 10 sono ordinati per riga e per colonna e il loro prodotto si trova all'incrocio di riga e colonna corrispondenti. Oppure se ne può dare una rappresentazione *a rete*, detta *grafo*, in cui punti detti *nodi* sono uniti da linee dette *spigoli* o *archi*. Le due diverse rappresentazioni di una specifica forma costituita da sei elementi sarebbero le seguenti:

	A	B	C	D	E	F
A	-	1	1	1	1	
B	1	-		1	1	
C	1		-			1
D	1	1		-		1
E	1	1			-	1
F			1	1	1	-

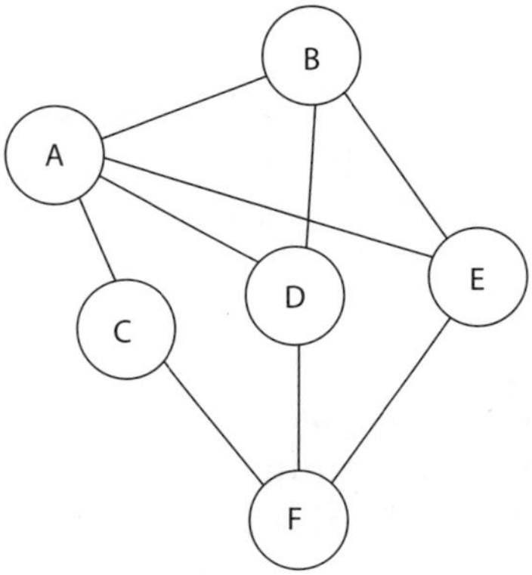

Le due rappresentazioni sono equivalenti (contengono le medesime informazioni), quindi anche intercambiabili: esistono regole precise che consentono il passaggio dall'una all'altra. (Nel nostro caso, la presenza di un 1 all'incrocio fra la riga e la colonna che corrispondono a due elementi si traduce nella presenza di uno spigolo fra i punti del grafo che rappresentano tali elementi; e viceversa.)

Se ora restringiamo la nostra attenzione ai grafi e li applichiamo a quelle particolari forme chimiche che sono le molecole, un grafo diventa una nostra vecchia conoscenza, cioè una formula di struttura. Per il benzene, per esempio, un composto organico (volatile, infiammabile, incolore, dal caratteristico aroma) la cui formula bruta è C_6H_6, la formula di struttura o grafo sarebbe

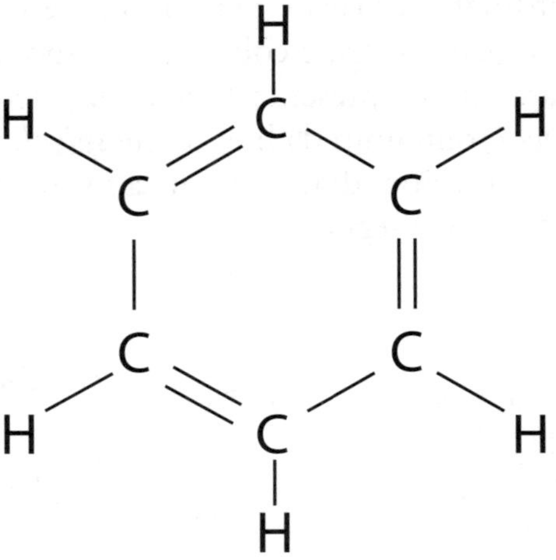

Poiché sappiamo che il carbonio ha valenza 4, il grafo ci informa che ognuno degli atomi di carbonio che compongono una molecola di benzene stabilisce tre legami con altri atomi di carbonio e quindi «satura» quel che resta della sua valenza legandosi a un atomo d'idrogeno. Immaginiamo ora, però, di sottintendere gli atomi d'idrogeno, considerandoli semplicemente come *qualcosa* che andrà a saturare il carbonio, e poi anche di dimenticarci che stiamo trattando di carbonio e limitarci a esprimere la condizione che certi punti dovranno essere saturati. Mettendo così fra parentesi la natura specifica di carbonio e idrogeno, cioè degli elementi che compongono il benzene, possiamo ridurre il grafo di cui sopra a una sua versione «scheletrica» che ne riporta solo la struttura topologica (i vincoli o correlazioni da esso delineati) trascurando del tutto di menzionare gli *oggetti* fra cui valgono tali vincoli. La nuova rappresentazione sarebbe la seguente:

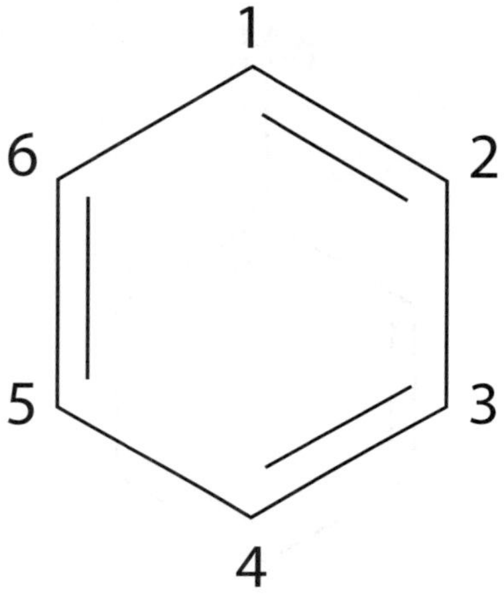

I numeri nella figura sono solo indicatori arbitrari delle posizioni degli atomi di carbonio che formano l'anello: tutte le posizioni sono equivalenti. Non vengono indicati i legami con gli atomi d'idrogeno per semplicità: s'intende che, se la saturazione di una valenza non è esplicitamente indicata, tale saturazione avviene con un atomo d'idrogeno. Se invece una valenza è saturata da una catena laterale di atomi di carbonio e idrogeno, da un eteroatomo (un atomo diverso da carbonio e idrogeno) o da un gruppo funzionale come quello amminico $-NH_2$ (di cui tratteremo più distesamente nel prossimo capitolo) – tutti membri esterni all'anello – allora, come si vede nella figura successiva, tale membro esterno è indicato, *e inoltre* l'atomo di carbonio diversamente saturato costituisce un punto di riferimento per orientarsi nella molecola; gli si assegna il numero 1 e la numerazione può continuare in senso orario. (In casi in cui sono presenti più atomi di carbonio le cui valenze sono saturate da membri esterni, il numero 1 si assegna all'atomo di carbonio con la valenza saturata dalla catena più lunga o dal gruppo a più alto peso molecolare.)

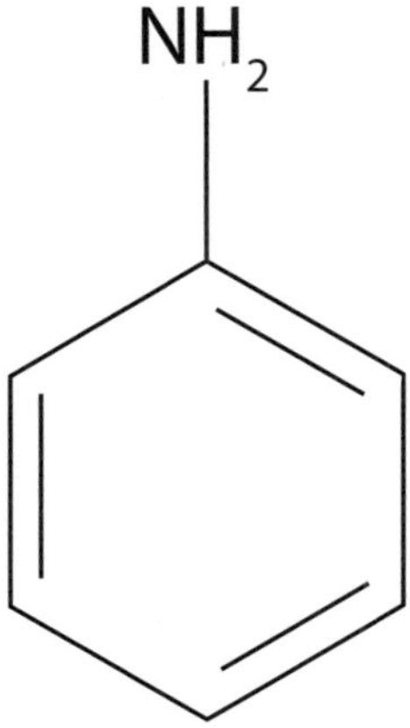

L'ingegnere elettrico olandese Bernard Tellegen formulò nel 1952 un teorema ben noto nel suo campo di ricerca ma con un significato che trascende di gran lunga quel campo – e non è stato finora sufficientemente apprezzato. Stabilì cioè che il comportamento di ogni sistema formalizzato come una rete di relazioni fra elementi è definito dalle leggi costitutive dei singoli elementi (in una rete elettrica, le leggi che governano il funzionamento di un condensatore o di una resistenza) *e dalla topologia della rete* (in una rete elettrica, il particolare cablaggio degli elementi per formare un circuito). Questi due piani sono complementari e la topologia, cioè il modo in cui gli elementi sono connessi, quella insomma che abbiamo denominato forma, *è una realtà indipendente entro il sistema che coesiste con le leggi costitutive*. La stessa topologia, che dà luogo alle stesse proprietà di rete, può risultare da infinite collezioni di elementi diversi; quindi esiste un livello di causalità e di spiegazione che ha natura puramente relazionale e non fa alcun riferimento agli oggetti che vi sono coinvolti. In un certo senso, potremmo dire, il teorema di Tellegen dà rigore scientifico alla distinzione lockeana fra qualità primarie e secondarie – le une sono espresse dalle leggi costitutive degli elementi e le altre dalla topologia di rete – se non per il fatto che le une sono tanto reali, e tanto essenziali per un resoconto completo di quel che c'è al mondo, quanto le altre.

Torniamo alla chimica. Questi sono i grafi o formule di struttura del metano (a sinistra) e dell'acqua (a destra):

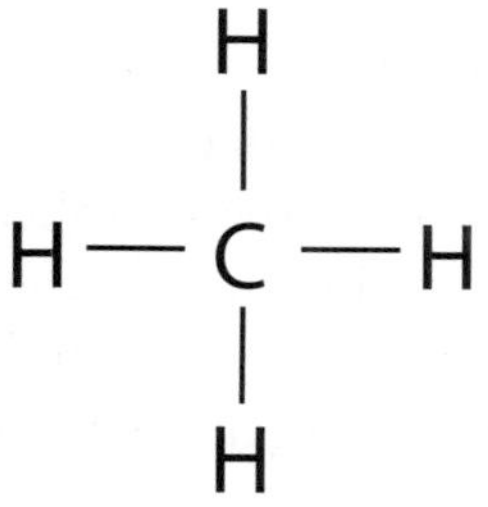

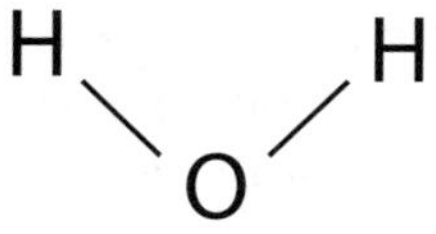

Lo stesso atomo d'idrogeno (un'identica entità) ha proprietà diverse quando si trova nella molecola del metano e in quella dell'acqua; tale diversità è la conseguenza della diversa topologia di rete, cioè del fatto che lo stesso elemento, con le stesse leggi costitutive, fa parte di strutture relazionali diverse. La più evidente di queste proprietà è la carica elettrica parziale dell'idrogeno, che è più elevata nell'acqua in quanto la maggiore elettronegatività dell'ossigeno rispetto al carbonio fa sì che gli elettroni condivisi nel legame covalente siano più spostati verso l'ossigeno che verso il carbonio. Dunque alla domanda «Qual è la carica elettrica parziale dell'idrogeno?» l'unica risposta plausibile è «Dipende»: dipende, cioè, dalla struttura in cui si trova. Una simile spiegazione è detta *top-down*, in quanto opera dal livello più generale a quello più specifico; qui infatti sono le proprietà generali della molecola a influenzare l'atomo, l'entità di livello più basso. Nel caso di acqua e metano, d'altra parte, molte proprietà (punto di fusione, punto di ebollizione, reattività chimica) sono anche derivabili da proprietà degli atomi costituenti, in quella che viene detta, inversamente, spiegazione *bottom-up* (dallo specifico al generale); secondo il teorema di Tellegen, i due modelli di spiegazione coesistono – hanno un ruolo causale *sia* le leggi costitutive degli elementi *sia* la topologia di rete. E la relativa importanza di questi due diversi tipi di fattori varia a seconda dei sistemi analizzati. Nella chimica dei polimeri biologici e specialmente delle proteine, la bilancia pende quasi tutta in favore della topologia. È in questo campo dunque che troveremo i migliori esempi della natura determinante delle relazioni.

Un polimero è una combinazione lineare di monomeri ma, a suggerire che qui i rapporti *top-down* sono decisivi, un monomero è a sua volta definito come una molecola semplice che sia in grado di combinarsi ricorsivamente (cioè ripetutamente) per formare molecole più grandi (macromolecole), cioè in definitiva polimeri. I monomeri (piccole molecole organiche; nel caso di quei particolari polimeri che sono le proteine, amminoacidi) sono uniti da legami covalenti. Nella figura seguente è riportato lo schema di formazione del legame, detto *peptidico*, in cui i monomeri (che qui sono amminoacidi) si uniscono l'uno all'altro con l'eliminazione di una molecola d'acqua e successiva condensazione e formazione di un legame covalente tra un gruppo amminico —NH_2 e un gruppo acidico —COOH (è la presenza congiunta di gruppi amminico e acidico a dare a un amminoacido il suo nome):

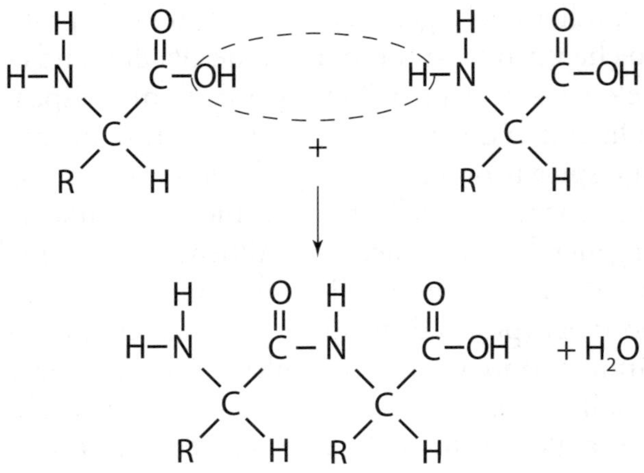

L'immagine in alto dà rappresentazioni semplificate di due amminoacidi: la lettera R indica la catena laterale che ha una formula diversa per ogni specifico amminoacido. Il gruppo acidico dell'amminoacido di sinistra reagisce con il gruppo amminico dell'amminoacido a destra e, per eliminazione di una molecola d'acqua (condensazione, immagine in basso), si produce un dipeptide, una nuova molecola formata da due residui amminoacidici. Il termine «residuo» (che useremo talvolta come sinonimo di «amminoacido») deriva dal fatto che gli amminoacidi, nella nuova entità (dipeptide), non entrano come tali, ma deprivati di una loro parte utilizzata per la condensazione.

Una proteina è una sequenza anche molto lunga di monomeri (da trenta a più di diecimila residui amminoacidici) uniti fra loro da legami covalenti. Le proteine sono tutte costituite dagli stessi venti amminoacidi che, a differenza di quanto accade nei polimeri artificiali (i vari tipi di plastica, per esempio), non si presentano in serie ripetitive ma in modo apparentemente disordinato, un po' come le lettere di un testo scritto non mostrano alcuna periodicità – e proprio per questo motivo sono in grado di trasmettere messaggi informativi, più di quanto farebbe una filastrocca. Il «messaggio» delle sequenze proteiche corrisponde a una funzione biologica altamente specializzata come la catalisi di una reazione chimica (proteine enzimatiche), la costruzione di strutture ordinate (macchine molecolari come la miosina e l'actina dei muscoli), la formazione di tegumenti (seta, unghie, pelle, capelli...), la circolazione di molecole essenziali per la vita (l'emoglobina che trasferisce ossigeno ai tessuti).

La traduzione della sequenza (l'ordine degli amminoacidi lungo la catena) nella specifica funzione della proteina passa attraverso il ripiegamento nello spazio della molecola: a ogni sequenza è associata una configurazione spaziale apprezzabile a diversi livelli di dettaglio come riportato nella figura seguente.

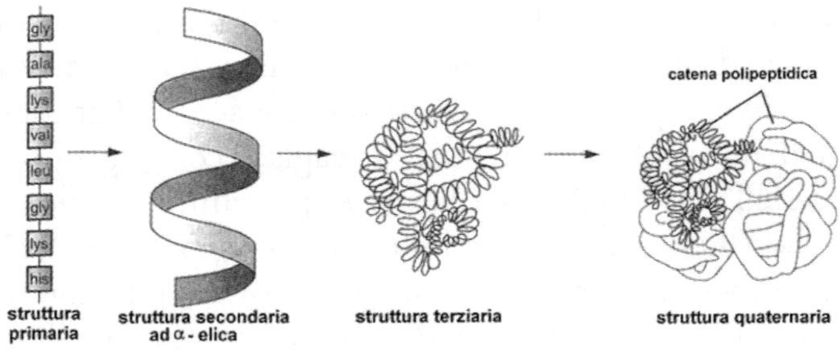

All'estrema sinistra in questa figura troviamo la sequenza (o struttura primaria) della proteina, in cui i singoli residui, indicati con un codice a tre lettere, sono uniti dal legame covalente peptidico. Fin qui sentiamo ancora fortissima l'influenza delle leggi costitutive degli elementi: i singoli amminoacidi, così come i singoli atomi delle formule di struttura o una resistenza e un condensatore in una rete elettrica, hanno proprietà diverse e la costruzione di una lista ordinata di monomeri (la sequenza) è solo un testo che giustappone elementi diversi per ordine di comparsa. In soluzione però (un suo destino comune, e decisivo per la sua funzione) la proteina si ripiega e nell'immagine successiva si mostra uno dei tre possibili ripiegamenti, la cosiddetta elica alfa, cui può andare incontro la catena polipeptidica. A questo livello cominciano a prevalere le leggi di rete: lo specifico ripiegamento della molecola, derivante da una complessa e ancora in buona parte misteriosa interazione tra il solvente e le proprietà chimico-fisiche della particolare disposizione degli amminoacidi lungo la struttura primaria, dà vita a caratteristici «rapporti di vicinato» tra i monomeri, diversi dal puro ordine lineare lungo la sequenza. Nel caso delle strutture secondarie questi rapporti si stabiliscono tra residui non troppo distanti lungo la sequenza (nell'elica alfa, il passo è di circa quattro residui contigui); già a questo livello, comunque, la stessa struttura secondaria può essere ottenuta da sequenze molto diverse di amminoacidi stabilendo un piano di organizzazione coerente con le caratteristiche proprie dei singoli monomeri ma non dipendente da esse.

La quasi assoluta prevalenza della topologia nasce però a livello della struttura terziaria, dove la catena si aggroviglia portando in contatto amminoacidi distanti nella sequenza. Il puro ordine lineare è completamente superato e nasce una nuova topologia; ed è qui che si definisce la specificità della proteina, la sua particolare funzione biologica. Proteine con sequenze molto diverse ma con strutture terziarie simili hanno infatti funzioni simili. L'ultimo disegno a destra riporta il livello definitivo di organizzazione delle proteine: catene polipeptidiche diverse, vale a dire strutture primarie diverse, che vengono portate in contatto tra di loro generando un sistema unico, un'entità autonoma e integrata. È questo il caso dell'emoglobina, costituita da quattro catene interagenti i cui mutui rapporti di relazione sono alla base della sua funzione biologica di trasportatore di ossigeno ai tessuti. Dal progressivo prevalere dell'informazione topologica (quindi relazionale) rispetto a quella composizionale lungo i diversi piani di organizzazione delle macromolecole proteiche segue che la ricerca di una descrizione adeguata non può situarsi al livello della sequenza di legami peptidici ma solo a quello dei rapporti spaziali tra residui.

La struttura tridimensionale di una proteina può essere ridotta a un grafo di contatti mantenendo immutata la possibilità di ricavare informazioni sul comportamento della molecola, in modo formalmente identico a quello in cui la formula di struttura permette di derivare le proprietà chimico-fisiche delle piccole molecole organiche. La figura seguente illustra il procedimento di costruzione di un grafo proteico:

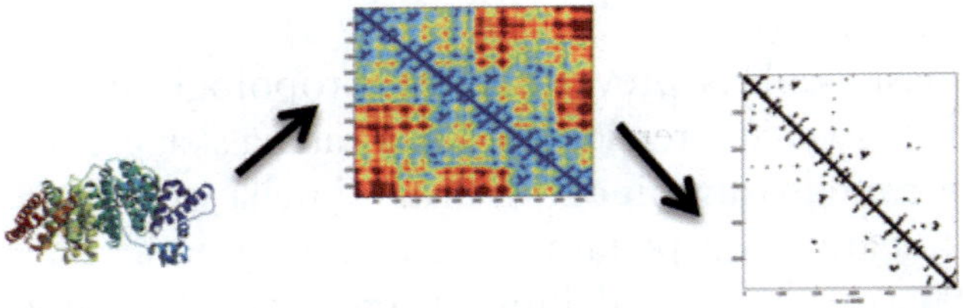

A sinistra nella figura è riportata la proteina nella comune rappresentazione a nastro ripiegato; questa rappresentazione corrisponde a una delle possibili prospettive bidimensionali di un oggetto che è naturalmente tridimensionale e in cui a ogni elemento (amminoacido) corrisponde una terna XYZ di coordinate spaziali. Il nastro rende ragione della continuità della sequenza; notiamo però che si tratta appunto di un «nastro ripiegato» – di un'entità lineare che assume nello spazio una sua particolare configurazione, un po' come una collana di perle lasciata distrattamente cadere su un comodino. La struttura tridimensionale della molecola è quindi esprimibile da una matrice avente come righe gli amminoacidi e come colonne le rispettive coordinate spaziali. Un frammento di questa matrice, limitato a quattro righe per altrettanti amminoacidi A_1, A_2, A_3, A_4, potrebbe essere il seguente (i valori numerici sono da intendersi in ångstrom):

	X	Y	Z
A_1	10	-3,4	4
A_2	10,5	-3,5	4,1
A_3	10,9	-3,7	4,5
A_4	11,2	-4	5

Avendo a disposizione le coordinate tridimensionali di ogni amminoacido *i*, è immediato calcolare le distanze euclidee tra tutte le coppie *i*, *j* di amminoacidi applicando il teorema di Pitagora. L'immagine centrale della figura corrisponde alla matrice delle distanze fra tutte le coppie di amminoacidi che fanno parte della proteina, codificate in una scala di colori: blu per distanze molto piccole o nulle, rosso per distanze elevate. Gli amminoacidi sono disposti secondo il loro ordine di sequenza, da sinistra a destra lungo l'asse orizzontale, dall'alto verso il basso lungo l'asse verticale. Quest'ordine fa sì che venga generata una diagonale tutta blu (un amminoacido ha distanza nulla con sé stesso) e che la matrice sia simmetrica (la distanza tra l'amminoacido *i* e l'amminoacido *j* coincide con quella tra *j* ed *i*).

Siamo pronti per l'ultimo passo della trasformazione della struttura in grafo di contatti. Sappiamo che un contatto efficace (dove per efficace s'intende che consenta un reale scambio di informazione, in cui per esempio un movimento di un amminoacido venga trasmesso all'amminoacido adiacente) tra due amminoacidi *i*, *j* si stabilisce se questi sono situati ad una distanza minore di 8 ångstrom. D'altronde due amminoacidi consecutivi lungo la sequenza, con distanza minore di 4 ångstrom, saranno giocoforza in contatto. Da ciò deriva la scelta di assumere come contatti tutte le distanze maggiori di 4 ångstrom (eliminando i «contatti obbligati») e minori di 8 ångstrom; ogni distanza tra 4 e 8 ångstrom verrà allora giudicata un «contatto elettivo», non determinato cioè dalla necessità della contiguità in sequenza. (L'uso del termine «elettivo» è un omaggio non casuale alle già citate *Affinità elettive* di Goethe.) La definizione di contatto porta ad una discretizzazione della matrice di distanze che avrà due soli valori possibili: 1 (rappresentato nell'immagine a destra con un pixel annerito), corrispondente al contatto tra due amminoacidi, e 0 corrispondente alla mancanza di contatti. L'immagine di destra è quindi a tutti gli effetti una matrice di adiacenza, che come abbiamo visto ha sempre associato un grafo. (In questa immagine la dimensione non permette di cogliere una sottile linea bianca che percorre tutta la diagonale maggiore e che corrisponde all'eliminazione dei contatti obbligati – in particolare quelli di ogni amminoacido con sé stesso.

Nella conclusione torneremo su questi «effetti di scala» e sulla loro grande importanza teorica.)

Una matrice di adiacenza tra residui è dunque formalmente analoga a una formula di struttura, con al posto degli atomi gli amminoacidi e al posto dei legami covalenti i contatti spaziali. Analogamente alla formula semplificata del benzene riportata in precedenza, qui appaiono solo le proprietà topologiche del sistema, gli elementi sono considerati equivalenti fra di loro e di conseguenza le leggi costitutive degli elementi, anche se hanno avuto un ruolo nello stabilirsi dei particolari contatti, sono ormai al di fuori della descrizione. A tutti gli effetti si tratta di un nuovo inizio autonomo rispetto al livello più microscopico, tanto quanto studiare i flussi di traffico veicolare in una città è un'operazione autonoma rispetto a studiare il funzionamento del motore a scoppio.

Le proprietà matematiche dei grafi di contatto (per esempio il numero medio di contatti per amminoacido, la lunghezza dei percorsi minimi tra amminoacidi, la modularità della rete...) hanno permesso di spiegare molte proprietà dei sistemi proteici. A noi qui interessa di più un altro aspetto, una nuova illustrazione della medietà della spiegazione chimica che continua a emergere nel nostro discorso.

Nel racconto dell'ideazione della Tavola periodica degli elementi da parte di Mendeleev abbiamo messo in primo piano la ricerca delle regolarità (periodicità) nel comportamento degli elementi da cui scaturiscono i rapporti ottimali di combinazione tra di essi che danno vita a composti stabili. La ricerca successiva dei fisici teorici ha indagato sulla motivazione profonda di tali regolarità scoprendone le basi fisiche a livello sub-atomico. Questo programma di ricerca ha perseguito insomma la strada riduzionista: le regole armoniche della tavola erano ridotte alle caratteristiche intrinseche degli elementi costituenti. Il teorema di Tellegen ci spiega perché il programma, che ha avuto grande successo nello svelare le basi fisiche della materia, si sia rivelato del tutto incapace di ricostruire sistemi molecolari complessi (anche molto meno complessi di quelli studiati nelle pagine precedenti): i fisici teorici avevano infatti trascurato l'esistenza del piano autonomo di spiegazione costituto dalla topologia, cioè da tutte quelle proprietà di sistema che derivano dal cablaggio delle molecole e sono indipendenti dalle leggi microscopiche (pur non violandole).

Le considerazioni e gli esempi contenuti in questo capitolo indicano una strada alternativa. Invece di cercare le basi microscopiche dell'ordine sistemico, potremmo investigare la possibilità che una configurazione ben formata, nel caso specifico la rete di contatti tra amminoacidi di una proteina stabile e funzionale, suggerisca regole di valenza fisse tra gli amminoacidi che costituiscono la rete. La stabilità delle proteine in soluzione, con il conseguente mantenimento di una forma largamente invariante, è un compito molto delicato in termini chimico-fisici: non a caso i polimeri artificiali (gomma, plastica) sono insolubili – in acqua perdono la loro individualità di molecole e precipitano in ammassi amorfi (cosicché nella vita quotidiana, banalmente, gli pneumatici delle nostre automobili non si sciolgono quando piove). Al contrario, le enormi molecole proteiche (molto più grandi delle comuni molecole organiche) riescono perlopiù a conservare la loro individualità in acqua (sono cioè solubili). Ogni molecola proteica rimane separata dalle altre e circondata da un guscio di molecole d'acqua che si strutturano intorno e dentro l'architettura della proteina (che si comporta un po' come una spugna – come già abbiamo accennato nel capitolo precedente, torneremo ancora sul tema nella conclusione). Questa architettura, pur andando incontro a variazioni di forma in risposta all'agitazione termica e al mutare delle condizioni al contorno, mantiene sostanzialmente invariata la rete di contatti tra amminoacidi, ed è proprio tale stabilità dinamica, che unisce l'invarianza della rete di contatti alla flessibilità della struttura, a permettere alle proteine di svolgere la loro particolare funzione.

Incontreremmo insomma qualcosa di simile alle conclusioni raggiunte da Jolicoeur e Mosimann sul carapace delle tartarughe. L'esistenza di una forma ideale del carapace si recupera attraverso le regolarità statistiche dei carapaci delle tartarughe reali, che a loro volta permettono di enucleare le piccole variazioni di forma come allontanamenti dalla retta corrispondente alla forma ideale. Nel nostro caso, l'esistenza di proteine funzionanti impone regole fisse di cablaggio alle reti proteiche definite al livello dei singoli elementi: i vincoli architettonici che rendono possibile la costruzione di strutture stabili e in grado di adattarsi al micro-ambiente chimico-fisico in cui sono immerse generano rapporti privilegiati tra i nodi della rete così come le regole della statica vincolano le disposizioni reciproche dei mattoni in un edificio.

È esattamente la via opposta rispetto al progetto riduzionista: le regole compositive della rete (che giocano il ruolo delle valenze, anch'esse rapporti privilegiati fra elementi) sono in questo caso conseguenza di vincoli *top-down* (reti stabili e adattabili alle modificazioni ambientali) piuttosto che di proprietà degli elementi. La topologia di una proteina dev'essere compatibile con le proprietà intrinseche degli amminoacidi ma non ne è in alcun modo univocamente determinata; al contrario lo studio di reti ben formate potrebbe portare alla scoperta di semplici regole architettoniche indipendenti dal materiale di costruzione. Questo progetto è stato effettivamente iniziato negli ultimi anni e ha già portato a risultati di grande rilievo. Si è scoperto per esempio che le reti di tutte le proteine seguono gli stessi criteri di cablaggio in termini dei contatti che ogni singolo amminoacido intrattiene con altri amminoacidi appartenenti al suo *modulo* (gruppo di amminoacidi a forte interazione reciproca) e con amminoacidi di altri moduli, e che esiste una divisione di compiti molto precisa tra elementi di frontiera (residui che intrattengono un elevato numero di contatti con amminoacidi di altri moduli) ed elementi responsabili della stabilità strutturale del modulo (residui con molti contatti all'interno del proprio modulo e nessun contatto con residui esterni a esso).

Ogni proteina, quando i suoi residui amminoacidici sono proiettati in uno spazio avente come dimensioni la proporzione relativa di contatti extra-modulo (P, ascissa nella figura seguente) e di contatti interni al modulo (Z, ordinata) dà luogo alla medesima distribuzione di ruoli nella rete: quella riportata nella figura seguente (i punti corrispondono ai singoli residui).

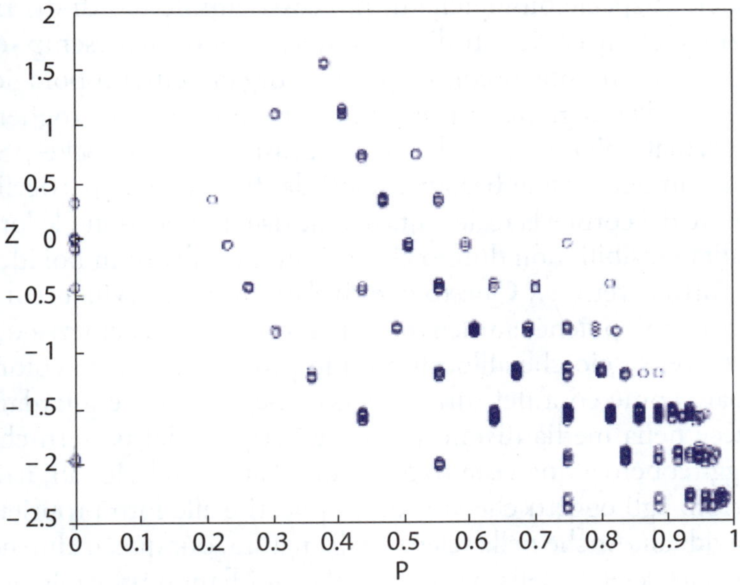

La figura suggerisce l'esistenza di livelli topologici discreti la cui natura è ancora sfuggente ma la cui invarianza in tutte le molecole proteiche analizzate (indipendentemente da *quali* specifici amminoacidi occupino le varie posizioni) spinge appunto gli scienziati a vedervi un'analogia macromolecolare (dove i contatti spaziali sostituiscono i legami covalenti) delle leggi di valenza. La posizione assunta da ogni amminoacido (elemento della rete) nel grafico deriva dal suo ruolo nel cablaggio della rete di contatti; è insomma ancora una volta una caratteristica *top-down*.

In quanto si concentra su proprietà topologiche invece che sulle leggi costitutive degli elementi, questo programma di ricerca consente un tipo di generalizzazione molto diverso rispetto a quello cui ci ha abituato la scienza riduzionista. Il mondo funziona in modo unitario non *solo* perché le leggi fondamentali della materia sono le stesse, ma *anche* perché sistemi molto diversi come le reti di relazioni sociali, le proteine, i rapporti trofici tra specie biologiche negli ecosistemi, le reti di distribuzione elettrica, le reti di computer... sono tutti esempi di grafi e quindi obbediscono a principi organizzativi topologici comuni. Per cogliere tali principi, è necessario però togliere gli occhiali microscopici che tanto entusiasmavano Locke («Se avessimo dei sensi abbastanza acuti da discernere le particelle minute dei corpi e la reale costituzione da cui dipendono le loro qualità sensibili, non dubito che essi produrrebbero in noi idee del tutto diverse.... Questo ci è rivelato in modo evidente dai microscopi, poiché, aumentando per loro mezzo l'acutezza dei nostri sensi, ciò che all'occhio nudo produce un certo colore appare come cosa del tutto diversa», *Saggio* 331) e guardare invece nella media distanza, dove emergono dei pattern che sfuggirebbero a una vista *troppo* acuta. Pattern relazionali, irriducibili agli oggetti che vi sono implicati e alle loro proprietà individuali. Anche nella scienza della natura, dunque, o almeno in *questa* scienza della natura, le relazioni hanno un ruolo autonomo e fondamentale.

4. Nomi

Nel *Cratilo* platonico, Socrate dibatte con due sostenitori di teorie opposte del linguaggio. Ermogene incarna la concezione sofistica: se l'uomo, secondo Protagora, è misura di tutte le cose allora ogni nome è imposto dagli esseri umani per convenzione, *arbitrariamente* (cioè mediante un atto del loro *arbitrio*, della loro volontà), e in circostanze diverse gli esseri umani imporranno con pari legittimità nomi radicalmente diversi agli stessi oggetti (diciamo «cavallo», «*horse*» e «*Pferd*» allo stesso animale). Sull'altro versante, Cratilo è fautore di una teoria naturalistica, così riassunta da Ermogene: «giustezza di nome ha ciascuno degli enti, per natura, innata; e nome non è ciò con cui alcuni, convenuto di chiamarlo, lo chiamano, della loro voce emettendo una parte, bensì una giustezza di nomi vi è, naturale, per i Greci e per gli stranieri, la medesima per tutti» (15-16). La posizione di Socrate dovrebbe essere equidistante fra i due estremi e rilevare che esistono nomi giusti e nomi sbagliati, come un ritratto può essere o non essere fedele al suo modello; ma durante il dialogo, in una lunga sezione etimologica che ne occupa la maggior parte, Socrate fa ampie concessioni a Cratilo. Non solo le parole raccontano una storia (Apollo, per esempio, è il dio che purifica, cioè *apoloúon* – che lava – o *apolúon* – che scioglie – dai mali, 41; e Dioniso è il *didoùs tòn oînon*, colui che dona il vino, 43); ma anche le singole lettere hanno un senso preciso. La ρ, per esempio «sembrò essere un bello strumento della κίνησις [movimento] a colui che pose i nomi.... Vide, infatti, chi pose i nomi, che la lingua nel pronunciare questa lettera non sta ferma minimamente, e moltissimo vibra; per ciò sembra che se ne sia servito proprio per questo scopo» (65).

Tralasciando i contesti poetici (si pensi ai mirabili versi di Dante «S'ïo avessi le rime aspre e chiocce, / come si converrebbe al tristo buco / sovra 'l qual pontan tutte l'altre rocce» che aprono il canto XXXII dell'*Inferno*), l'onomatopea propugnata da Socrate non ha avuto nei secoli grande successo, né in generale ne ha avuta l'etimologia nel rivendicare la giustezza delle parole (che non siano composte). La dottrina sofistica di Ermogene ha dominato il campo. Un paio di riferimenti classici, entrambi ad autori che abbiamo incontrato nel capitolo precedente, basteranno per chiarire questo punto. Il primo è a Locke, che nel terzo libro del *Saggio* inaugura, un po' per caso, la filosofia del linguaggio moderno (una trattazione specifica del linguaggio non faceva parte dei piani originari; ne fu avvertita la necessità, e fu aggiunta, in corso d'opera). E afferma: «le parole ... [sono state] impiegate dagli uomini come segni delle loro idee: non per alcuna connessione naturale che vi si sia tra particolari suoni articolati e certe idee, poiché in tal caso non ci sarebbe fra gli uomini che un solo linguaggio, ma per una imposizione volontaria, mediante la quale una data parola viene assunta arbitrariamente a contrassegno di una tale idea» (456). Il secondo è a De Saussure, nel *Corso di linguistica generale*, il testo (cui già abbiamo alluso) che dà origine alla linguistica contemporanea: «Il legame che unisce il significante al significato è arbitrario, o ancora, poiché intendiamo con segno il totale risultante dall'associazione di un significante a un significato, possiamo dire più semplicemente: *il segno linguistico è arbitrario*» (85-86). Significanti e significati non si somigliano e la loro corrispondenza non ha nulla della «giustezza» che Ermogene include nella posizione di Cratilo, come risulta evidente dalle immagini con cui si apre il relativo capitolo del *Corso*:

Arbor

Equus

etc.

Abbiamo citato le parole composte poc'anzi, per segnalare che la loro composizione risulta spesso informativa del loro legame con le cose, in un modo che sembra inevitabilmente sfuggire a una singola lettera o a una parola semplice come «*horse*». Si tratta di informazioni prive di ordine e sistematicità, e perfino di coerenza: lo stesso prefisso «in», per esempio, suggerisce movimento in «indurre» e negazione in «indomito». È possibile però immaginare una lingua costruita ad arte (artificiale) in cui la struttura di ogni segno composto offra tali informazioni in modo del tutto coerente e sistematico. L'autore che più ha contribuito a dar vita a questo programma, quindi anche a combattere l'arbitrarietà della lingua ordinaria, è Gottfried Wilhelm Leibniz; lo strumento da lui ideato per realizzare il programma è la *characteristica universalis*. Leggiamo nei suoi *Scritti di logica*:

> Ogni ragionamento umano si compie per mezzo di certi segni o caratteri. Non soltanto le cose stesse, infatti, ma anche le idee delle cose non sempre possono, né devono, esser distintamente osservate, e pertanto in luogo di esse, per ragioni di brevità, si impiegano dei segni.... Nel novero dei segni ... includo le parole, le lettere, le figure chimiche, astronomiche, cinesi, geroglifiche, le note musicali, i segni steganografici [ossia cifrati], aritmetici, algebrici e tutti gli altri dei quali ci serviamo in luogo delle cose nel

> corso dei nostri ragionamenti. I segni scritti, o disegnati, o scolpiti si chiamano caratteri. Infine, tanto più utili risultano i segni quanto maggiormente esprimono la nozione della cosa denotata, in maniera che possano servire non solo alla rappresentazione, ma anche al ragionamento. Nulla di ciò presentano i caratteri dei chimici [!] e degli astronomi.... Né ritengo che le figure dei Cinesi o degli Egiziani possano giovare molto alla scoperta delle verità. La lingua adamitica, e di certo la sua forza che taluni sostengono di conoscere, affermando contemporaneamente che è possibile intuire le essenze delle cose nei nomi imposti ad esse da Adamo, è sicuramente a noi ignota. Le lingue ordinarie, sebbene servano al ragionamento, tuttavia sono soggette ad innumerevoli equivoci, né possono essere impiegate per il calcolo, in maniera cioè che si possano scoprire gli errori di ragionamento risalendo alla formazione ed alla costruzione delle parole, come se si trattasse di solecismi e barbarismi. Questo mirabilissimo vantaggio finora danno soltanto i segni impiegati dagli aritmetici e dagli algebristi, nei quali ogni ragionamento consiste nell'uso di caratteri, e ogni errore mentale è lo stesso che un errore di calcolo.
>
> Meditando più profondamente su questo argomento, mi apparve subito chiaro che tutti i pensieri umani potevano risolversi del tutto in pochi pensieri da considerarsi come primitivi. Se poi si assegnano a questi ultimi dei caratteri, di qui si possono formare i caratteri delle nozioni derivate, da cui sia sempre possibile trarre i loro requisiti e le nozioni primitive che vi entrano, e, per dirla con una parola, le definizioni o valori, e perciò anche le loro modificazioni derivabili dalle definizioni. Una volta fatto questo, chiunque si servisse dei caratteri così descritti nel ragionare e nello scrivere, o non commetterebbe mai errori, oppure li riconoscerebbe sempre da sé, siano suoi o degli altri, mediante esami facilissimi. (240-41)

Il programma di Leibniz, che lui considera già realizzato in matematica, fu esteso alla logica formale da lui stesso e da generazioni di suoi seguaci. Boole, Schröder, Frege, Russell, Hilbert, Tarski sono alcuni fra i protagonisti di questa avventura. Ma logica e matematica sono discipline *a priori*: i loro oggetti sono entità ideali (non spaziotemporali, cioè) come concetti e numeri. Nelle scienze naturali, il programma si è affermato (in generale) solo in modo indiretto, attraverso la *matematizzazione* della natura. Dobbiamo ricordare però che, una volta associati numeri a grandezze (diciamo) fisiche, ciò su cui operiamo e calcoliamo sono appunto numeri; le grandezze le ritroveremo alla fine, quando compiremo il percorso associativo in senso inverso. I nomi che circolano in matematica, quindi anche in fisica matematica, sono nomi di numeri, o comunque di entità matematiche; e certo *quei* nomi rispecchiano perfettamente la struttura degli oggetti nominati. Ma nomi come «entropia», «lavoro» o «carica» non portano nessuna traccia di questa struttura né permettono di calcolare alcunché. Oppure, passando dalla fisica alla biologia, l'associazione del termine *Vulpes vulpes* alle caratteristiche della volpe rossa è eseguita dall'esterno: non potremmo mai derivare regole di generazione di tali caratteristiche da un calcolo condotto sulla stringa *Vulpes vulpes*.

In chimica la situazione è diversa. Il passo di Leibniz riportato sopra fu scritto intorno al 1680, in un periodo in cui la chimica stava faticosamente evolvendo dall'alchimia e dal progetto (ricordato da Primo Levi in una precedente citazione) di trasformare altre sostanze in oro (un progetto nel quale, sarà forse opportuno notare, fu coinvolto anche Newton). Questo suo peccato originale è risultato però anche essere (almeno dal nostro punto di vista) una provvida sventura, perché le ha lasciato in eredità un carattere fattivo e concreto (quello che nell'introduzione abbiamo chiamato il suo legame con la produzione). Ed è stata proprio la concretezza del suo atteggiamento – unita forse a un altro retaggio alchemico: il riconoscimento alle parole di un potere magico – a permetterle di sconfessare il giudizio negativo di Leibniz e di offrire, cominciando con quello stesso Lavoisier che la trasformò in scienza moderna, l'unica realizzazione della *characteristica universalis* entro le scienze naturali: l'unico brillante esempio di una disciplina empirica in cui i nomi (composti) raccontano il mondo.

Nel *Trattato elementare di chimica*, Lavoisier afferma:

> Essendo ogni scienza fisica formata dalla serie de' fatti che costituiscono la scienza, dalle idee che li rappresentano, e dalle parole che li esprimono, rendesi perciò impossibile il separare la nomenclatura della scienza dalla scienza della nomenclatura. La parola deve far nascere l'idea; l'idea deve dipingere il fatto; e quindi ne nasce una triplice impressione d'uno stesso suggello; e come le parole conservano e trasmettono le idee, così non si può perfezionare la lingua senza perfezionare la scienza, né questa senza quella; e benché fossero certi i fatti, e giuste le idee ch'essi avessero fatte nascere, questi nulladimeno ci trasmetterebbero impressioni false, se per renderli non avessimo espressioni esatte. (11-12)

Procede quindi a costruire queste «espressioni esatte», e a dar inizio alla nomenclatura chimica moderna, in base a due principi già presenti in quella alchemica, cioè partendo (a) dai metalli e (b) dalle trasformazioni da cui ha origine un composto. Il nome da lui dato a un composto riflette il tipo di reazione che lo produce combinando un elemento semplice (un metallo, appunto) e un agente fortemente reattivo (nei casi più comuni l'ossigeno). Lasciando cadere gli aspetti più fantasiosi dell'alchimia, che associava ai metalli caratteri «personali» attraverso una loro relazione diretta di tipo astrologico con corpi celesti (per cui l'oro corrispondeva al Sole, Marte governava il ferro e Venere il rame in un ordine gerarchico di stabilità contrapposta alla reattività), Lavoisier determina i suoi nomi mediante misure accurate delle proporzioni in cui gli elementi reagiscono. Stabilisce di chiamare *ossidi* i composti contenenti ossigeno e un metallo e introduce i suffissi *–oso* e *–ico* per indicare le proporzioni relative di metallo e ossigeno nel composto. Così, per esempio, il composto Cu_2O è l'*ossido rameoso* mentre CuO è *l'ossido rameico*: il rame (Cu) ha due possibili rapporti «efficaci» in cui combinarsi con l'ossigeno (2:1 e 1:1) e Lavoisier decide di usare il suffisso *–oso* per il composto in cui il metallo si combina con la valenza minore (due parti di metallo per una parte di ossigeno) e *–ico* per quello in cui il metallo si combina con la valenza maggiore. Nella nomenclatura che da lui ha origine, regole analoghe vengono estese ai composti che coinvolgono non-metalli e ossigeno (*anidridi*; lui li chiamava *ossiacidi*) e a elementi che hanno più di due rapporti di ossidazione (cui si fa precedere il prefisso *ipo–* per il rapporto di ossidazione minore e *per–* per quello maggiore; nel caso del cloro, per esempio, abbiamo l'anidride ipoclorosa Cl_2O in cui il cloro ha valenza 1, l'anidride clorosa Cl_2O_3 in cui il cloro ha valenza 3, l'anidride clorica Cl_2O_5 in cui il cloro ha valenza 5 e l'anidride perclorica Cl_2O_7 in cui il cloro ha valenza 7).

Solo con l'introduzione dei simboli degli elementi da parte di Jacob Berzelius ai primi dell'Ottocento si giunse a porre un rapporto biunivoco fra sostanze e formule, facendoci apprezzare ancora di più la portata del lavoro di Lavoisier, che nei nomi assegnati alle molecole aveva espresso il loro processo produttivo *e quindi anche* la loro composizione. La corrispondenza riscontrata in seguito tra nome e formula confermava la non-arbitrarietà del legame tra nome e oggetto nominato. Non dimentichiamo infatti che la formula, per i composti inorganici, ha un immediato corrispettivo nella forma di un oggetto reale per tramite della teoria VSEPR (e questo né Lavoisier né Berzelius potevano saperlo). Ne risulta un circolo virtuoso che si articola nei passi seguenti:

(a) Il nome è costruito a partire dalla reazione che produce il composto e tiene conto dei rapporti relativi dei reagenti.
(b) La codifica degli elementi con simboli di una o due lettere permette di associare univocamente una formula (prima bruta, poi di struttura) a un nome. In questa formula sono riportati in modo esplicito i rapporti fra gli elementi del composto.
(c) La forma fisica della molecola corrisponde alla sua formula di struttura, da cui sono calcolabili le caratteristiche chimico-fisiche della sostanza. Dalla formula di struttura può anche essere univocamente ricavato il nome del composto, chiudendo così il circolo.

Seguiamo per un tratto questo processo in un caso specifico, e teniamo sempre presente come termine di contrasto il caso della stringa *Vulpes vulpes*, che può richiamare alla mente dello zoologo caratteristiche come l'area di distribuzione, le abitudini alimentari o il tipo di cure parentali solo in virtù di un'associazione esterna della stringa con il piccolo canide fulvo. Diversa è la situazione per la stringa *ossido rameoso*, di cui vogliamo occuparci adesso.

La parola «ossido» ci dice che il composto deriva da un'ossidazione, cioè ci porta automaticamente all'interno di una specifica categoria operativa: quella dei composti ottenibili tramite una reazione con l'ossigeno. Il fatto che «ossido» si riferisca a metalli ci fornisce (e anche questo Lavoisier non poteva saperlo) l'informazione aggiuntiva che la distribuzione degli elettroni nella molecola sarà sbilanciata verso l'ossigeno e quindi sul metallo verrà a trovarsi una parziale carica positiva; d'altronde questi elettroni, a differenza che nell'acqua, saranno molto mobili nel reticolo (detto *cristallino*) in cui sono inseriti, il che comporterà una serie di conseguenze globali per la sostanza identificata con quel nome, quali la conducibilità elettrica e termica.

Dalla seconda parte del nome, «rameoso», veniamo a sapere che il particolare metallo che ha reagito con l'ossigeno è il rame; andando a controllare sulla Tavola periodica degli elementi scopriamo che il rame ha due possibili numeri di ossidazione: +1 e +2 (corrispondenti agli elettroni messi in gioco nel legame; il segno positivo indica che questi elettroni vengono parzialmente «donati» all'elemento con cui il rame reagisce, con conseguente formazione di una parziale carica positiva). Ne segue che l'aggettivo con cui qualifichiamo l'ossido ci porta univocamente alla formula Cu_2O: l'unica che satura le due valenze dell'ossigeno scegliendo, tra i due possibili stati di ossidazione con cui il rame si può presentare in natura, il numero di ossidazione minore (+1).

Il chimico che vorrà preparare nel suo laboratorio l'ossido rameoso saprà a questo punto come comportarsi con le quantità relative di reagenti da usare per ottimizzare la resa. Partendo dall'ipotesi che in natura nulla si crea e nulla si distrugge e quindi la materia che troveremo nel termine destro (prodotti) di una reazione chimica corrisponde a una diversa disposizione degli stessi elementi presenti nel termine di sinistra (reagenti), potrà ipotizzare lo schema $4Cu + O_2 = 2Cu_2O$, in cui quattro parti di rame vengono messe a reagire con una parte di ossigeno molecolare (O_2, dove il valore 2 nel pedice ci dice che l'ossigeno in natura si trova sotto forma di una molecola bi-atomica) per ottenere due parti di ossido rameoso. Osservando l'equazione si nota come tutte le specie atomiche siano rimaste nelle stesse proporzioni in reagenti e prodotti.

Potremmo continuare a lungo, ma la morale della storia è chiara: siamo in grado di dedurre informazioni su un composto in base a operazioni eseguite *direttamente sul suo nome*, il cui legame con l'oggetto non è arbitrario ma segue da considerazioni sulle proprietà e sulla produzione della molecola. Allarghiamo dunque la nostra prospettiva e rivolgiamoci all'ambito in cui la natura generativa dei nomi chimici è più evidente, un ambito di cui Lavoisier non poteva avere alcuna idea precisa: il mondo della chimica organica, cioè dei composti basati sulla chimica del carbonio.

Grazie alla sua particolare struttura atomica, il carbonio (come abbiamo già visto) ha la capacità, unica fra tutti gli elementi, di partecipare a legami con altri atomi di carbonio e con altri elementi dando vita a molecole di dimensioni che trascendono di gran lunga la scala delle molecole inorganiche. Ne risultano grafi molecolari con decine di migliaia di nodi e topologie diverse per la stessa formula bruta (i cosiddetti isomeri: molecole costituite dalle stesse proporzioni di elementi ma con una diversa formula di struttura e quindi diverse proprietà chimico-fisiche), insomma un'enorme complessità rispetto alla quale le semplici regole della nomenclatura tradizionale introdotta da Lavoisier entrano in crisi. Nel 1835 il chimico tedesco Friedrich Wöhler così esprimeva il relativo sconcerto: «La chimica organica oggi fa impazzire. Mi dà l'impressione di un'antica foresta tropicale piena di cose interessantissime, di una selva mostruosa e illimitata, senza via d'uscita, in cui si può ben aver paura di entrare» (lettera di Wöhler a Berzelius del 28 gennaio 1835, citata in Fieser e Fieser, 11).

Eppure anche questa giungla è stata in parte colonizzata (alla precisazione «in parte» ritorneremo alla fine del capitolo) da una nomenclatura razionale (sotto gli auspici dell'IUPAC, l'*International Union of Pure and Applied Chemistry*), che permette al chimico di risalire dal nome alla formula di struttura corrispondente e viceversa. Le regole che definiscono tale nomenclatura assegnano automaticamente e univocamente un nome non solo a ognuno dei cinque milioni di composti organici che secondo le stime più accreditate sono presenti nell'ambiente (con un incremento di circa centomila ogni anno) ma anche a ogni composto *possibile*, che cioè rispetti i rapporti di valenza; consentono perfino di determinare per ogni siffatta molecola «ben pensata», *prima* della sua nascita materiale, tutte le caratteristiche chimico-fisiche (solubilità relativa in olio e in acqua, disposizione elettronica, reattività ...) calcolabili dalla sua formula e racchiuse nel nome. E si tratta di regole che – sebbene molto più intricate di quelle di Lavoisier – vengono acquisite da ogni studente del primo corso universitario di chimica organica. (L'esperienza personale di uno di noi conferma che in due o tre settimane si diventa padroni del metodo, il quale però, se non viene praticato assiduamente, viene dimenticato con altrettanta facilità; per fortuna oggi questo lavoro è eseguito da appositi *software*.) Vediamo allora come funziona il metodo, cominciando con qualche spiegazione e definizione introduttiva.

I composti organici sono costituiti da grafi molecolari lineari o ciclici di atomi di carbonio connessi fra loro da legami singoli, doppi o tripli (si consideri la molecola del benzene nel capitolo precedente); le valenze rimanenti sono saturate da atomi d'idrogeno oppure da eteroatomi (che, ricordiamo, sono atomi diversi da carbonio e idrogeno – nella stragrande maggioranza dei casi ossigeno e azoto; molto più raramente compaiono fosforo, cloro o fluoro) oppure ancora da gruppi di atomi. A differenza della nomenclatura alla Lavoisier che costruisce i nomi dei composti a partire dalla reazione che li produce, la nomenclatura organica ha come punto di partenza il carattere generale dello scheletro carbonioso. Uno scheletro aciclico (lineare o ramificato) in cui gli elementi sono connessi da legami semplici costituisce la caratteristica di base degli *alcani*, l'inserzione di doppi legami genera la classe degli *alcheni*, mentre gli *alchini* implicano la presenza di tripli legami; queste tre classi prendono il nome generale di *composti alifatici*. Nei *composti alifatici sostituiti*, a carbonio e idrogeno si aggiungono come catene laterali, in sostituzione di atomi d'idrogeno, gruppi di atomi (per esempio il *gruppo amminico* $-NH_2$ che contiene l'azoto N); e in tal caso il nome rifletterà tale aggiunta, come vedremo fra breve. Nei casi di chiusura su sé stessa della catena alifatica a formare dei composti ciclici il nome sarà preceduto dal prefisso *ciclo–*. Il nome «pentano» indica allora una catena lineare di cinque atomi di carbonio connessi fra loro da legami semplici (come rivela il suffisso *–ano* che lo specifica come un alcano) e le cui valenze sono saturate da atomi d'idrogeno, mentre il ciclopentano è la stessa catena richiusa su sé stessa. Se uno degli atomi d'idrogeno in un pentano è sostituito da un gruppo amminico, avremo a che fare con un *amminopentano*. Dato un nome, dunque, possiamo disegnare una struttura, come negli esempi seguenti:

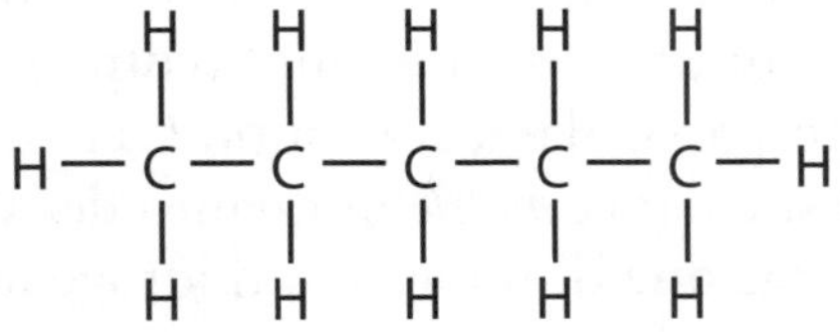

pentano

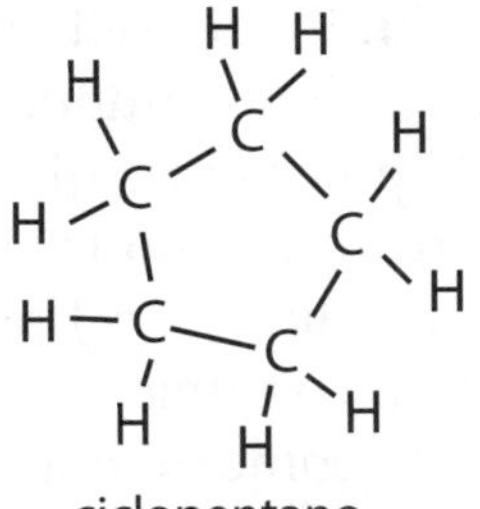

ciclopentano

In modo analogo possiamo disegnare le formule di struttura di metano (un solo atomo di carbonio con quattro atomi d'idrogeno a saturare le valenze), etano (due atomi di carbonio), propano (tre atomi), butano (quattro atomi), … esano (sei atomi) … e cicloesano, cicloeptano … (I primi quattro elementi di questa serie hanno nomi propri dovuti a ragioni storiche; proseguendo, invece, si usano i numeri greci.)

Consideriamo ora un caso pratico piuttosto semplice in cui si debba fare il percorso inverso: risalire da una formula al nome. Immaginiamo di dover assegnare un nome alla struttura seguente:

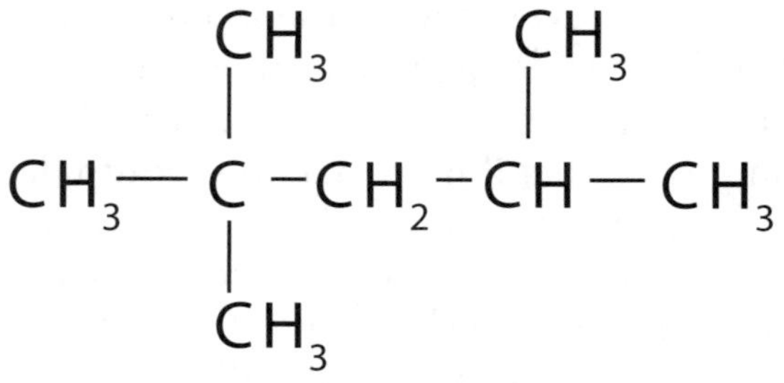

Notiamo innanzitutto come questa sia una rappresentazione semplificata, che contiene elementi tipici sia della formula di struttura (il grafo con nodi e legami) sia della formula bruta (i gruppi CH_3), e che si tratti di una legittima alternativa alla formula di struttura perché la struttura fine dei gruppi CH_3 può essere data per scontata; tali gruppi sono considerati *sostituenti*, cioè entità di livello intermedio fra l'intera molecola e i singoli atomi che prendono il posto di un singolo atomo (come nel caso precedente di NH_2). In particolare, il gruppo CH_3 (lo vedremo meglio in seguito) si chiama *metile* in quanto deriva dal metano (CH_4) per eliminazione di un atomo d'idrogeno, quindi con una valenza libera che gli consente di attaccarsi in blocco come un mattoncino Lego a uno scheletro preesistente.

Procediamo con l'applicazione della prima regola. Dobbiamo individuare la più lunga catena ininterrotta di atomi di carbonio; essa costituirà la base del nome in funzione del numero di atomi di carbonio che possiede. Se sono presenti più catene di uguale lunghezza selezioneremo quella con il maggior numero di sostituenti. Nel nostro caso questa regola stabilisce che siamo in presenza di un pentano, perché la più lunga catena senza interruzioni è costituita da cinque atomi di carbonio, come si evidenzia nella figura seguente:

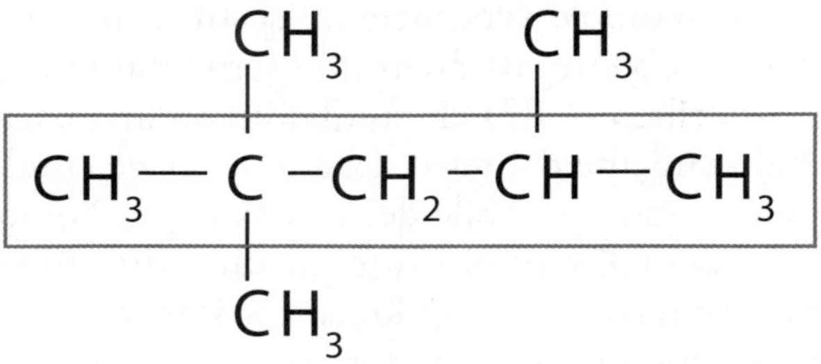

La seconda regola ci richiede di numerare gli atomi della catena che abbiamo selezionato a partire da una delle estremità. Verrà scelta un'estremità in modo tale che gli atomi che recano ramificazioni abbiano (nella numerazione) i numeri più bassi possibile. Se sono presenti ramificazioni a distanza uguale dagli estremi, si considererà la seconda ramificazione più vicina. In questo passo si determina un ordine gerarchico che rende il grafo numerabile senza ambiguità: i nodi del grafo vengono numerati in base alla complessità delle ramificazioni che se ne dipartono. Nel linguaggio delle reti complesse diremmo che iniziamo dagli *hubs*, cioè da quei nodi che intrattengono il maggior numero di relazioni con elementi diversi. Applicando la regola otteniamo

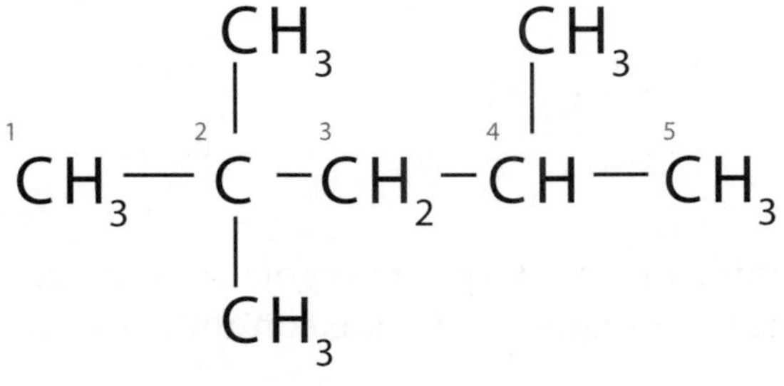

La regola porta univocamente a questa numerazione; iniziare da destra infatti avrebbe dato la precedenza, per esempio, al secondo carbonio da destra rispetto al secondo da sinistra, violando la regola perché quest'ultimo ha più ramificazioni dell'altro. Ma non finisce qui. La regola può apparire arbitraria e motivata solo dalla necessità di mettersi d'accordo su un ordine qualsiasi; in realtà le cose stanno diversamente. I sostituenti sono spesso *gruppi funzionali*, aggregati di atomi (per esempio il gruppo alcolico o ossidrilico –OH) che individuano una particolare reattività indipendente dal resto della molecola e condizionano il comportamento generale del sistema. Il carbonio che si trova più vicino a tali gruppi è dunque un centro di reazione privilegiato della molecola e il chimico che starà determinando il nome di una sostanza ignota saprà così anche dove dirigere la sua attenzione per prevederne il comportamento.

Siamo alla terza regola: nominare le ramificazioni come nella catena principale, sostituendo però (già lo avevamo visto in un caso particolare) il suffisso *-ano* con il suffisso *-il* (pertanto 1 *metil*, 2 *etil*, 3 *propil* etc.), e raggruppare le ramificazioni scrivendole in ordine alfabetico (per esempio 3-metil-4-propil e non 4-propil-3-metil) e, qualora ne compaia più d'una dello stesso tipo nella formula, indicarne la molteplicità mediante l'opportuno prefisso (*di-*, *tri-*, *tetra-* etc.)

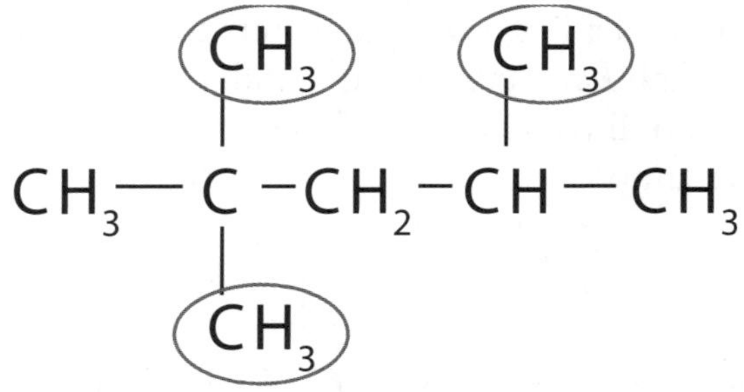

Dopo l'applicazione di questa regola il nome comincia a prendere forma: abbiamo a che fare con un *tri-metil pentano*.

Il passo finale – la quarta regola – consentirà di specificare le posizioni dei tre sostituenti nel grafo, stabilendo che il nome sia costituito dall'elenco delle ramificazioni preceduto dal numero di ogni atomo della catena principale che lo ospita e seguito dal nome della catena principale. Il nome va scritto come un'unica parola e si ricordi (anche se la cosa non è pertinente al caso in esame) che i prefissi *di–*, *tri–* etc. non concorrono all'ordine alfabetico dei sostituenti. Il nome definitivo del composto è quindi *2,2,4-trimetilpentano*. Come si è detto, ogni studente di chimica è in grado di generare questo nome dalla struttura che avevamo considerato all'inizio e inversamente di produrre quella struttura a partire dal nome.

Nel capitolo precedente si era detto che una formula di struttura è un grafo in cui l'informazione topologica è integrata da informazioni specifiche sulle caratteristiche proprie dei nodi (sempre il teorema di Tellegen). Questo tipo di formalismo consente di calcolare proprietà generali delle relative sostanze direttamente dalla formula. La corrispondenza biunivoca che abbiamo illustrato tra formule e nomi estende tale calcolabilità ai nomi stessi. La pregnanza del linguaggio chimico, per cui un certo ente non può avere che un certo nome, condensa l'esperienza di laboratorio di generazioni di ricercatori e apre alla conoscenza di innumerevoli proprietà delle molecole. Quello tra nome e grafo, insomma, e mediatamente fra nome e sostanza, è un rapporto motivato, non arbitrario, e il nome ha un carattere razionale come quello ipotizzato da Leibniz per i segni della sua *characteristica*. Trattandosi però in questo caso di una scienza empirica, questo carattere razionale proviene dal basso: dalla regolarità dell'universo chimico, in cui anche una molecola che viene sintetizzata oggi per la prima volta deve obbedire a regole naturali di buona costruzione senza le quali nessuna nomenclatura generativa sarebbe possibile.

Siamo così arrivati al livello massimo raggiunto oggi da tale nomenclatura significante, entro quella che potremmo ribattezzare chimica organica propriamente detta, dominata da grafi molecolari con un numero, per quanto grande, comunque limitato di nodi. Al di là di questa disciplina, ma pur sempre entro l'ambito della chimica del carbonio, si spalanca il mondo della biochimica, in cui gli oggetti privilegiati, i polimeri (di cui abbiamo parlato nel capitolo precedente), formano reti complesse con un numero altissimo di nodi. Rimane solo un'ipotesi, sulla cui plausibilità gli scienziati sono in disaccordo, se anche in questo mondo sia possibile la costruzione di un linguaggio significante del tipo di quello che abbiamo visto all'opera qui. Finora la complessità dei polimeri biologici (a differenza di quelli artificiali, che sono facilmente controllabili) ha impedito di costruire nomi adeguati; al riguardo siamo al livello di *Vulpes vulpes*.

5. Misure

Nel capitolo precedente abbiamo parlato della matematizzazione della natura come di un processo che comprende due fasi. Da un lato si traducono grandezze naturali in entità matematiche (all'inizio del processo, e alla fine si opera la traduzione in senso inverso); dall'altro si lavora sulle entità matematiche dimenticando temporaneamente gli oggetti o eventi che esse traducono. Discutendo allora di nomi eravamo interessati alla prima fase: al fatto che la traduzione conferisse al nostro linguaggio una trasparenza che originariamente mancava. Ora vogliamo concentrarci sulla seconda fase, e in particolare sulla dimenticanza che lo caratterizza.

Se studiamo un sistema in termini di velocità o di accelerazione, le relazioni matematiche su cui lavoriamo sono in massima parte indipendenti dal sistema studiato; prova ne sia che nei libri di fisica del liceo troviamo esercizi analoghi coinvolgenti treni, palline, mortai, conigli… Il sistema in analisi è immerso in un quadro di riferimento teorico generale che lo trascende; il nostro successo cognitivo dipende dal fatto che tale quadro di riferimento (per esempio le leggi della dinamica) permetta di evidenziare caratteristiche salienti del comportamento del sistema da cui derivarne altre; e una dote principale per avere successo consiste nella capacità di astrarre da ciò che non rientra nel quadro di riferimento, di non lasciarsi distrarre da quanto i mortai siano diversi dai conigli, o le palline dai treni.

Una parola chiave nella descrizione di questo processo è «misura»: oggetti ed eventi da studiare vanno misurati secondo certi loro parametri e quindi su queste misure (che sono appunto entità matematiche) si conducono calcoli per ottenere altre misure, relative agli stessi o altri parametri in un momento successivo (o precedente; ricordiamo Laplace) della storia di quegli oggetti ed eventi. Per reiterare dunque quel che abbiamo appena detto in un caso ovvio di misurazione, se mettiamo un oggetto su una bilancia e ne impariamo che il suo peso è un grammo, non ci interessa se quel grammo corrisponda a una piuma o a una briciola di pane. Ci interessa rilevare e manipolare il valore numerico di un grammo e quindi eventualmente ritrovare la piuma o la briciola al termine delle nostre operazioni. Diversa è la situazione in chimica, e per renderne conto dobbiamo introdurre la metodologia di misura di gran lunga più diffusa in questa scienza, e anche quella più legata alla specificità del pensiero chimico: le indagini spettroscopiche.

Nello spettro continuo delle radiazioni elettromagnetiche, la porzione corrispondente alla luce visibile è assai ridotta: si va da una lunghezza d'onda di 400 nanometri (un nanometro corrisponde a 10^{-9} metri, quindi a un miliardesimo di un metro) per il confine tra il visibile e l'ultravioletto a 700 nanometri per il confine tra il visibile e l'infrarosso. (Le lunghezze d'onda sono inverse alla frequenze d'onda, secondo l'equazione $F(i) = 1/L(i)$, e le frequenze sono misurate in Hertz: 1 Hz = 1 ciclo al secondo.) La figura seguente dà una rappresentazione schematica di questo spettro, dove a sinistra (lunghezze d'onda minori, quindi frequenze più elevate) della porzione visibile troviamo la radiazione ultravioletta, i raggi X e la radiazione gamma, mentre a destra, dopo la zona di infrarossi e microonde, troviamo le onde radio. È un'estensione enorme, che copre da 0,01 nanometri per i raggi gamma a un chilometro per le onde radio, cioè 15 ordini di grandezza (un ordine di grandezza è una potenza di 10); la figura successiva cerca di darne un'idea confrontando ogni elemento dello spettro con enti di dimensioni analoghe.

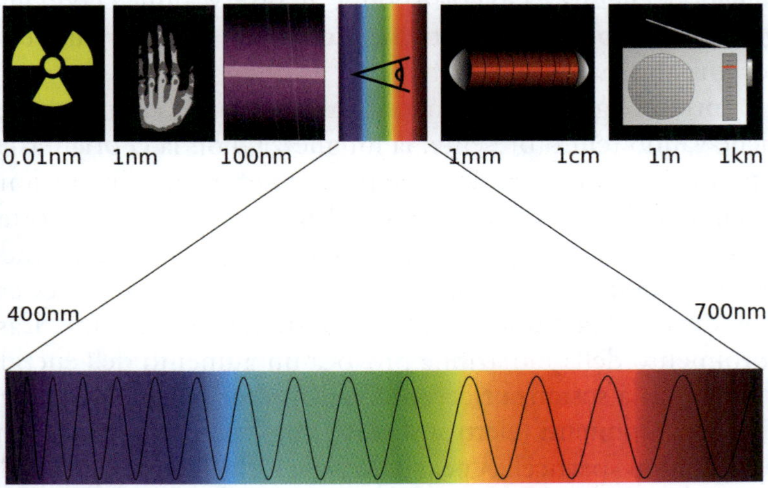

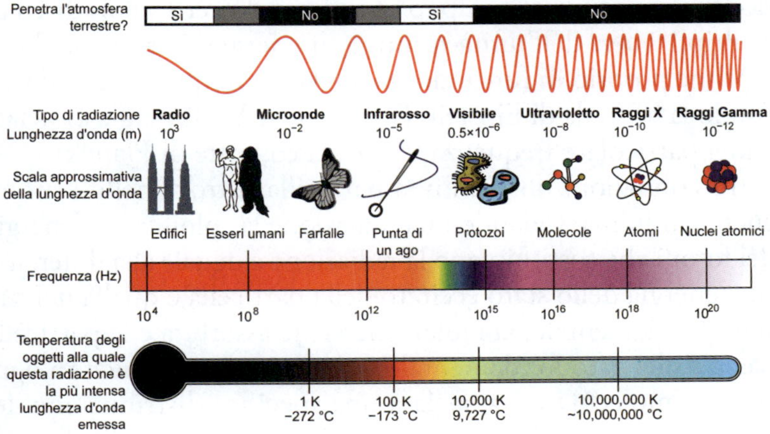

Le dimensioni d'interesse per la chimica vanno più o meno dall'infrarosso (aggregati colloidali, nanotecnologie) ai raggi X (delle stesse dimensioni degli atomi). Le relative frequenze sono a tutti gli effetti assimilabili a intensità di energia: intuitivamente un oscillatore che vibra più in fretta di un altro ha maggiore energia e ciò corrisponde all'osservazione che i raggi gamma hanno un impatto tremendo mentre le onde radio sono sostanzialmente innocue.

Entrambi gli aspetti dimensionali delle onde elettromagnetiche vanno tenuti presente: la lunghezza d'onda ci orienta sul tipo di oggetti con cui le onde possono entrare in interazione essendone deviate dal loro corso e l'energia che le onde portano con sé ci indica quali configurazioni della materia le onde possono modificare. In questo secondo caso il raggio dev'essere non deviato ma assorbito; ed è importante vedere come. L'assorbimento della radiazione provoca un aumento dell'energia interna della sostanza ricevente, cioè un'eccitazione delle particelle componenti (elettroni, atomi, molecole; si noti che qui non usiamo «particella» per riferirci esclusivamente a particelle elementari) che produce fenomeni caratteristici per ciascuna sostanza. Secondo la meccanica quantistica, l'energia delle particelle è quantizzata, cioè può assumere solo certi valori discreti: multipli *interi* dell'unità minima di energia, il *quanto*, che si esprime proprio in funzione della relativa frequenza d'onda secondo la formula di Einstein $E = h\nu$ (dove E è l'energia associata a una particolare frequenza ν e h è la costante di Planck).

In condizioni normali una particella si trova nello stato di energia minima. Quando una radiazione la colpisce, se l'energia dei fotoni che costituiscono la radiazione è uguale alla differenza tra l'energia dello stato eccitato della particella e quella del suo stato fondamentale, la radiazione viene assorbita e la particella passa dallo stato fondamentale a quello eccitato. Poiché a ogni sistema molecolare è associata una specifica distribuzione dei livelli energetici (elettronici, vibrazionali, rotazionali), l'assorbimento di una data radiazione è una proprietà caratteristica di quel sistema e non altri. Quando il sistema eccitato rilasserà verso il suo stato fondamentale, emetterà a sua volta un'onda della frequenza corrispondente al salto energetico fra stato eccitato e stato fondamentale, cioè un'onda *di un determinato colore* (una determinata frequenza d'onda).

Abbiamo visto che i colori sono fra gli esempi più tipici di quelle che il riduzionismo meccanicista ha etichettato come qualità secondarie, apparenti ma non reali. E abbiamo trovato nella prevalenza delle relazioni sugli oggetti un modo per riscattare in parte questa secondarietà. Qui siamo di fronte a un'altra comune stigmatizzazione dei tanto bistrattati colori: essi sono anche stati intesi, tradizionalmente, come esempi di qualità *accidentali*, non *essenziali*, degli oggetti – qualità che un oggetto può perdere senza perciò perdere la sua identità: senza cessare di essere l'oggetto che è. Socrate è essenzialmente animale e razionale; non sarebbe più sé stesso se l'una o l'altra qualifica non gli fosse più applicabile. Ma una sedia blu rimarrebbe la stessa cosa anche se fosse pitturata di rosso; il colore va e viene; non incide sull'essenza della sedia. Ancora una volta, la chimica ci costringe a ripensare tale contrasto. Il colore di un oggetto materiale (per esempio di una molecola) dipende dall'interazione di tutti i suoi livelli energetici. Quindi la molecola ha un suo spettro caratteristico, un suo particolare modo di rispondere alle sollecitazioni della luce (nel senso più generale di radiazione elettromagnetica) che la distingue da ogni altra ed esprime in modo inimitabile la sua unica forma.

È questo il principio su cui si fonda l'indagine spettroscopica, di cui la figura seguente riporta lo schema generale. Lo strumento di misura emette una radiazione (detta *radiazione incidente*) costituita da un fascio di onde parallele con uno spettro piatto, cioè con tutte le frequenze in un certo intervallo ugualmente rappresentate; nell'immagine in alto a destra questa situazione è rappresentata da onde corrispondenti a diversi colori). A seconda dell'intervallo prescelto dello spettro elettromagnetico si parlerà di spettroscopia IR (intervallo dell'infrarosso), UV (ultravioletto), a luce visibile...; queste scelte mettono a fuoco diversi aspetti del sistema studiato, ma ciò che qui conta è che all'emissione lo spettro non dà nessuna informazione – siamo in una situazione totalmente simmetrica, in cui ogni frequenza contribuisce nello stesso modo allo spettro. La radiazione incidente colpisce il campione (nello schema indicato da una beuta che contiene una sostanza ignota di cui si vuole conoscere la natura) e, di tutto lo spettro incidente, la sostanza contenuta nella beuta assorbe solo la frequenza efficace per farla passare dal suo stato fondamentale allo stato eccitato (seconda immagine in alto, dove la frequenza efficace viene rappresentata in verde; in questo caso la spettroscopia sarebbe a luce visibile). La radiazione che esce dalla beuta dopo l'interazione con la materia si chiama *radiazione trasmessa* (a destra nella figura), viene registrata da un apparato di rivelazione e il suo spettro è riportato nell'immagine in alto a destra avente per ordinata il numero di fotoni e per ascissa la lunghezza d'onda. Dopo l'interazione con il campione di sostanza, lo spettro non è più piatto (simmetrico) ma è diminuito della particolare frequenza assorbita dal campione (spettro di trasmissione) e il suo complementare (spettro di assorbimento, linea tratteggiata) ha quindi come unica componente la particolare frequenza assorbita. Le frequenze di assorbimento caratteristiche di sostanze differenti sono note e comunque facilmente verificabili (basta usare un campione di cui si conosca a priori la composizione e osservarne lo spettro di assorbimento corrispondente), consentendo così di determinare la composizione del campione. Con alcuni accorgimenti è possibile, attraverso il rapporto tra intensità della luce monocromatica (particolare frequenza assorbita) incidente e di quella trasmessa, arrivare non solo alla determinazione qualitativa della sostanza ma anche alla stima quantitativa della sua concentrazione. Fin qui non notiamo nessuna particolare specificità della spettroscopia rispetto a qualsiasi altra forma di misura: il legame fra la sostanza chimica e la sua frequenza caratteristica, per quanto scaturisca dalle complesse relazioni fra i livelli energetici interagenti, si riassume in un numero che viene utilizzato come semplice «discriminante» e consente al chimico di affermare che in una beuta sono presenti (diciamo) molecole di fruttosio o di saccarosio; tale risultato è ottenuto con un metodo perturbativo, cioè sollecitando il sistema con uno stimolo esterno, non diversamente da quando si misurano le forze applicate a un sistema osservando gli allungamenti delle molle di dinamometri.

5. Misure

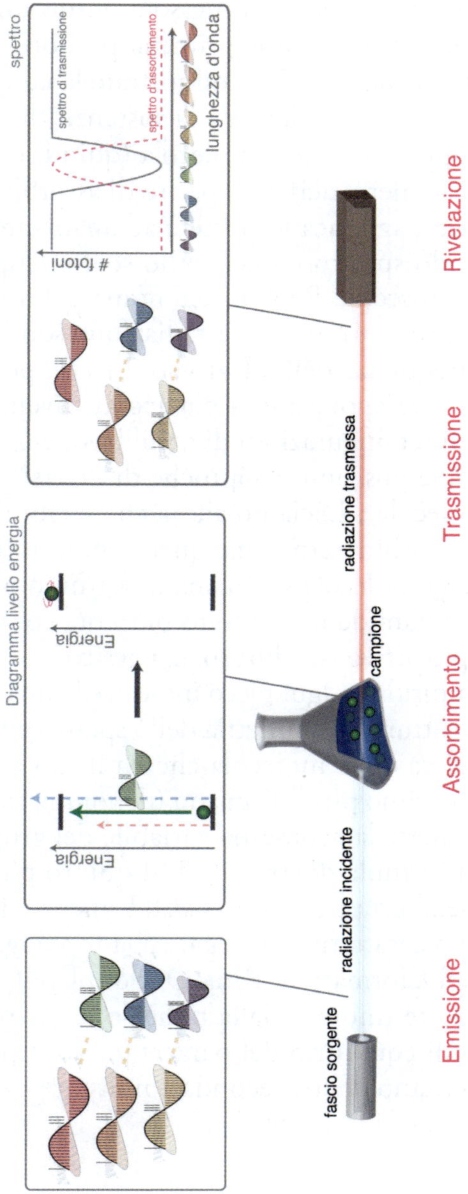
spettro
spettro di trasmissione
spettro d'assorbimento
fotoni
lunghezza d'onda
Diagramma livello energia
Energia
Energia
fascio sorgente
radiazione incidente
campione
radiazione trasmessa
Emissione
Assorbimento
Trasmissione
Rivelazione

Ma c'è di più. Immaginiamo un chimico che stia producendo una nuova molecola. Ha messo a punto una strategia sintetica che porta dalle materie prime al prodotto d'interesse (per esempio un farmaco) e deve dimostrare la congruenza tra la formula di struttura desiderata e la sostanza che ha ottenuto. Lo stretto rapporto tra una molecola (quindi una specifica gerarchia di livelli energetici) e lo spettro di assorbimento della radiazione elettromagnetica lo porterà ad analizzare la sostanza con un metodo spettroscopico. Allo scopo (supponiamo) utilizzerà la spettroscopia Raman (dal nome del fisico indiano che ne scoprì i principi), in cui la radiazione sonda è un raggio laser nelle frequenze dell'infrarosso. Le componenti dello spettro Raman corrispondono a particolari livelli energetici roto-vibrazionali (configurazioni di equilibrio, cioè di minima energia, legate alle posizioni reciproche di diversi gruppi funzionali della molecola). Diciamo allora che il chimico ottenga uno spettro di assorbimento come quello indicato nella figura seguente. (Questa molecola si chiama in terminologia IUPAC N-idrossifenil-acetamide ma è molto più nota come paracetamolo: il principio attivo del diffuso analgesico dal nome commerciale di tachipirina.) Ogni picco indicato da una freccia corrisponde a una rottura di simmetria dello spettro ed è associato a una caratteristica della molecola che ha il suo corrispettivo nella formula. Il primo picco a sinistra (denominato nel grafico C=O Stretch) riflette la geometria variabile del gruppo –C=O (a sinistra nella formula di struttura), il quinto picco da sinistra corrisponde al gruppo alcolico –OH, mentre i picchi più a destra indicano caratteristiche legate alla topologia del grafo ad anello (Ring Deformation, Ring Out of plane), cioè deformazioni transitorie (indotte dalla radiazione incidente) della configurazione di equilibrio del paracetamolo. I picchi senza freccia rappresentano effetti secondari non interessanti per la caratterizzazione della molecola.

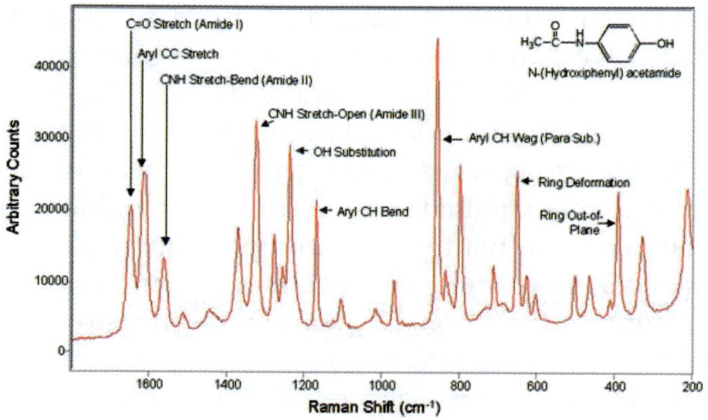

Il chimico che osserva lo spettro, a questo punto, è sicuro di trovarsi di fronte alla molecola d'interesse: sono presenti tutte le caratteristiche che ci si aspetta di trovare data la formula e quindi il materiale è congruo.

Il linguaggio chimico della formula di struttura (e indirettamente del nome associatole dalle regole IUPAC) corrisponde a un fenomeno fisico – l'emergere di un particolare schema di modificazione dello spettro di una radiazione – e i segmenti di cui è costituita la formula sono rispecchiati individualmente da un evento misurabile. Occorre però ora soffermarsi sul fatto che la relazione tra posizione dei picchi e caratteristiche della molecola non è fissata una volta per tutte ma dipende strettamente dal contesto. Il picco ad ascissa 650, che nel caso del paracetamolo corrisponde alla deformazione dell'anello aromatico (lo scheletro, qui esagonale, che abbiamo già incontrato nel caso del benzene), in una molecola diversa potrà indicare un'altra caratteristica strutturale, così come la stessa deformazione dell'anello aromatico, in un'altra specie molecolare, potrà essere posizionata, invece che a 650, a 700 o a 540. Lo spettro è una «firma complessiva» della molecola e l'attribuzione di significati specifici alle diverse zone dello spettro è sempre dipendente dalla molecola nel suo complesso. Anche se possiamo fattorizzare le diverse zone dello spettro così da collegarle alle diverse caratteristiche del sistema studiato, la fattorizzazione non è data dall'esterno e soprattutto non è assegnata una volta per tutte: la posizione e l'importanza relativa dei singoli gradi di libertà (rotazioni, vibrazioni...) di cui i picchi di uno spettro sono immagine è rinegoziata in ogni caso dall'oggetto misurato. Ogni diversa molecola usa la sonda neutra (la radiazione incidente con lo spettro piatto) per accomodare al meglio i suoi gradi di libertà, come un bravo capocomico adattava agli attori della sua compagnia i diversi personaggi di un testo teatrale. Nella misura spettroscopica, insomma, a differenza di quanto si è detto prima sul processo generale di matematizzazione della natura, non si può mai perdere di vista l'oggetto misurato perché è proprio tale oggetto a determinare il significato della misura. E ciò riflette una profonda differenza nel concetto stesso di spiegazione scientifica. Se una spiegazione è data in termini universali (come perlopiù accade in fisica; e ricordiamo Aristotele) allora l'individuale si deve «sciogliere», deve *sparire* nella legge naturale che fornisce la spiegazione: la matematica delle formule fisiche esprime infatti rapporti fra concetti universali come forza, massa, velocità, accelerazione..., e sono questi rapporti fra universali che spiegano il mondo – quindi anche ogni fenomeno individuale, che risulta esserne solo un inessenziale *esempio*. Se invece, come in chimica, l'oggetto primario di studio è proprio l'individuale, allora una spiegazione può consistere solo nel relazionarlo ad altre entità individuali, senza fargli mai perdere la sua dignità ontologica ed epistemica.

Guardando al di là della chimica, in direzione della «categoria onnicomprensiva del pensiero» che in essa trova chiara espressione, il chimico che interpreta uno spettro è simile a un cardiologo che interpreti un elettrocardiogramma (ECG). Certo il cardiologo ha appreso alla Facoltà di Medicina regole universali sull'interpretazione dei tracciati ECG; ma il suo scopo è quello di fornire una diagnosi a un particolare paziente, e in ogni paziente il tracciato ECG è influenzato da varie condizioni di contorno che vanno dalla sua frequenza cardiaca al formarsi di correnti superficiali secondarie dovute al sudore sulla pelle. Il cardiologo tuttavia, grazie alla sua esperienza, riuscirà a discernere le caratteristiche interessanti per la diagnosi con un'operazione di normalizzazione rispetto al particolare contesto in cui appaiono. Se non tenesse conto della situazione complessiva in cui si presenta il tracciato ECG, se cioè perdesse di vista l'oggetto specifico che sta esaminando, non potrebbe ricavare alcuna informazione utile.

A un livello ancora ulteriore di assimilazione tra oggetto e misura troviamo situazioni, frequenti in chimica applicata, in cui la segmentazione dello spettro in diversi significati diventa inutile e lo spettro stesso viene usato come descrittore quantitativo di un campione di materia. È questo il caso delle analisi di miscele complesse, per esempio un campione di vino dove sono stimate essere presenti migliaia di specie organiche, in gran parte ignote. Lo spettro corrispondente, che riassume in modo per noi insondabile (visto appunto quanto poco sappiamo delle specie coinvolte) il profilo molecolare della miscela, è una vera e propria firma che consente di individuare la natura del campione con straordinaria precisione: lo spettro NMR (Risonanza Magnetica Nucleare, un altro tipo di spettroscopia che sfrutta i livelli energetici legati allo spin dei nuclei d'idrogeno o di altre sostanze come il fosforo) di un campione di vino riesce a individuarne la zona di provenienza fino a distinguere un produttore dal suo vicino. Si parla in questi casi di tecniche di *fingerprinting* (impronte digitali): il riconoscimento avviene con lo stesso principio del codice a barre dei prodotti venduti in un supermercato; la coincidenza dello spettro misurato su un campione incognito con quello che proviene con certezza da una particolare cantina verifica in modo conclusivo la sua etichettatura.

A differenza del codice a barre che non permette di stabilire alcuna metrica rilevante fra i prodotti del supermercato, gli spettri NMR di campioni diversi possono essere confrontati quantitativamente fra loro sovrapponendoli e sommando gli scarti reciproci nelle diverse zone. Questo produce un'ordinaria metrica euclidea, perfettamente quantitativa, che ci consente di affermare che lo spettro A è distante 5 dallo spettro B e 21 dallo spettro D, oppure che gli spettri relativi a semi provenienti dal vitigno Cabernet sono più variabili tra di loro di quanto siano quelli del Teroldego. Possiamo cioè operare confronti statistici e mettere alla prova varie ipotesi senza mai imporre un nome alle misure effettuate: dire che A e B sono distanti 5 «quanto a profilo complessivo» senza vincolare la nostra indagine a questa o quella proprietà. Nella figura seguente è riportato un grafico in cui diversi spettri NMR di miscele complesse vengono sovrapposti:

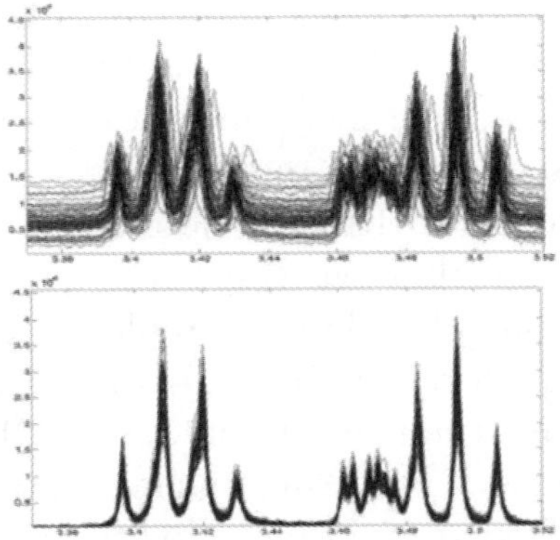

Qui la distanza è calcolata come grado di sovrapposizione dei singoli profili; nell'immagine superiore vediamo una popolazione di spettri altamente variabili fra loro, in quella inferiore una situazione molto meno eterogenea. Questa pratica equivale a considerare lo spettro di un sistema come una sua proprietà globale e a studiarlo senza entrare nei dettagli dei singoli elementi dello spettro – senza adottare nessun filtro interpretativo *a priori* sulla misura spettroscopica (del tipo «il picco X corrisponde alla sostanza Y») – ma solo assumendo come paradigma di misura l'ipotesi minimale «Più diversi sono due campioni, più diverso è il loro spettro», per poi vedere se una maggiore diversità globale si lega a un qualche fattore esterno secondo il comune modello dell'indagine statistica (del tipo «Questi due gruppi di persone sono statisticamente molto diversi l'uno dall'altro, quindi riconoscibili rispettivamente, diciamo, come malati e come sani»). E si tratta di una pratica che può essere generalizzata, con implicazioni molto significative per l'avanzamento della conoscenza scientifica, come ora illustreremo con un esempio tratto dall'esperienza personale di uno di noi.

Da anni Sandro è impegnato, insieme con Aldo Benigni, in una ricerca sulla definizione di una batteria ottimale di test a breve termine per la predizione della potenziale tossicità delle molecole organiche immesse nell'ambiente. I test sono eseguiti su sistemi modello *in vitro* (colture cellulari) e sono progettati per sostituire test *in vivo* su animali da laboratorio, che, necessitando per la loro esecuzione di tempi molto più lunghi (uno o due anni rispetto a uno o due giorni), hanno meno possibilità di far fronte all'impetuosa immissione di nuovi composti nell'ambiente. I test sono stati progettati dai biologi in termini puramente teorici: in base a una conoscenza pregressa che ha dimostrato la pertinenza teorica di vari osservabili a vari effetti tossici su organismi interi, il test STY avrà come osservabile l'induzione di mutazioni puntiformi sul DNA e utilizzerà cellule batteriche, il test CHA avrà come osservabili aberrazioni cromosomiche (corrispondenti a grandi risistemazioni del materiale genetico) e sarà eseguito su cellule di ratto... Con l'accumularsi dei dati, a ogni test (siamo nell'ordine della trentina) sono stati associati risultati sperimentali su un migliaio di sostanze chimiche eterogenee. Possiamo rappresentare un test come un insieme di barre di altezza proporzionale all'entità dell'effetto osservato nel test dalla sostanza corrispondente. Si creerà così un grafico in cui le sostanze sono l'ascissa e l'ordinata è il corrispondente responso del test (che per semplicità possiamo pensare assuma solo due valori: 1 per risultato positivo e 0 per risultato negativo). Nella figura seguente vediamo, con un esempio, come ciò consenta lo stabilirsi di una metrica globale con cui confrontare i test: la distanza fra due test sarà pari al numero di risultati discordanti tra i due saggi sperimentali.

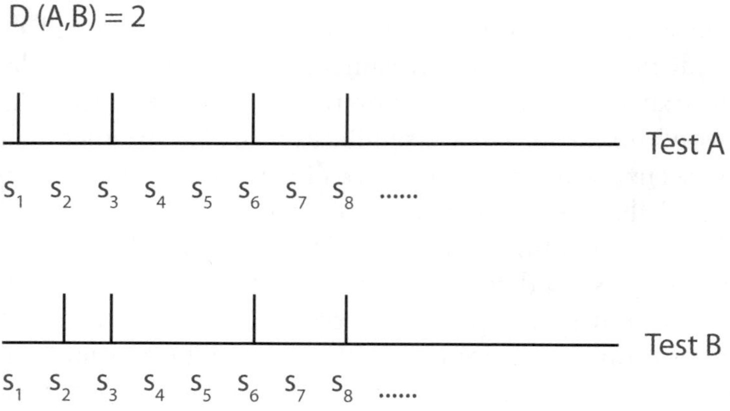

I due test in oggetto hanno una distanza D(A, B) = 2 in quanto risultano discordanti per due sostanze (s_1 e s_2).

Utilizzare molte sostanze chimiche di prova equivale a sondare i test con uno strumento neutro (nessuna classe chimica è più rappresentata di un'altra), che corrisponde alla situazione statisticamente ottimale di un campione casuale. Ciò ha permesso di ottenere una classificazione molto robusta e ripetibile dei test in classi di somiglianza di comportamento, cioè in gruppi di test che «funzionano allo stesso modo» con i composti organici. Il che sembrerebbe aver risolto il problema (quando due test funzionano allo stesso modo, è inutile includere entrambi nella batteria ottimale che si sta cercando di costruire), *se non fosse* che le categorie operative si sono rivelate molto diverse da quelle teoriche: test che dovevano misurare la stessa cosa si sono trovati in classi operative diverse, fornendo risultati molto discordanti, e viceversa. Per esempio, se A è un test di mutazione il cui dato osservabile è il numero di mutazioni provocate in una popolazione di batteri o di cellule di mammifero in coltura e B è un test di aberrazione cromosomica che misura in cellule di coltura il numero di cromosomi di forma irregolare, A e B appartengono a due categorie teoriche diverse. Se però, applicati a un vasto insieme di sostanze chimiche, forniscono risultati in ampia misura coincidenti (con D(A, B) vicina a zero) allora eseguire entrambi i test invece di eseguirne uno solo non comporta alcun guadagno di informazione: operativamente B è sovrapponibile ad A e conoscendo il risultato di A si può inferire quello di B con certezza quasi assoluta. Se invece C è un altro test di mutazione (per esempio eseguito su lieviti invece che su batteri) ma fornisce risultati molto diversi da A (con D(A, C) elevata) allora C apporta un contributo informativo autonomo ed eseguire C in aggiunta ad A consente di scoprire una pericolosità non attingibile da A. Anche qui, è il contesto dell'indagine a fare la differenza: sulla presunta *essenza* di un test (per esempio: questo test misura le aberrazioni cromosomiche) predomina il suo risultato operativo, cioè il suo profilo globale nell'ambito delle sostanze cui viene applicato.

Avevamo suggerito che l'esempio illustra un'importante generalizzazione del metodo spettroscopico; vediamo ora di spiegare. Quello riportato nell'ultima figura potrebbe essere denominato uno «spettro» di risultati sperimentali, nello stesso senso in cui si parla di uno spettro di partiti politici o di opinioni su un tema di grande interesse (l'aborto, la pena capitale...). Chiaramente, non si tratta di spettri elettromagnetici, ma il principio generale è lo stesso (ed è quindi ragionevole che si usi la stessa parola): in questi casi abbiamo sempre a che fare con un ambito di possibilità che *in partenza* sono tutte sullo stesso piano, cioè sono *simmetriche* (ricordiamo infatti che nelle varie indagini spettroscopiche si parte con un fascio di luce in cui tutte le frequenze comprese in un certo ambito sono ugualmente rappresentate), ma che, sottoposte a esame, rivelano una certa *forma* (certi partiti, per esempio, risultano più votati di altri, o certe opinioni sono maggiormente condivise, indicando un ben preciso profilo per la politica o l'«opinione pubblica» di un paese). E, spesso, questo profilo può essere colto solo a livello globale: non è riducibile all'azione di fattori elementari. Sezioni elettorali simili per struttura socio-demografica e per censo possono comportarsi in modo diverso, e sezioni diverse in modo simile, offrendo una variabilità che sfugge all'analisi di elementi singoli e può essere colta solo considerando l'intero spettro un dato primario, come nel caso dei campioni di vino (o dei test di tossicità). Una volta di più, dunque, l'indagine spettroscopica si rivela esempio di un atteggiamento generale che, per quanto caratteristico della chimica, va ben oltre questa disciplina specifica, in direzione di una vera e propria «filosofia» della natura.

In chiusura, torniamo alla chimica e al suo particolare rapporto con la misurazione. Abbiamo iniziato il libro riportando un giudizio perentorio secondo il quale fare chimica, oggi, significa fare meccanica quantistica (cioè fare fisica). Al punto in cui siamo, è interessante riesaminare quel giudizio, alla luce di come uno dei fondatori della meccanica quantistica discute il carattere specifico di spiegazione e predizione in questa teoria. In *Fisica e filosofia*, Werner Heisenberg scrive:

> Nella meccanica newtoniana ... possiamo cominciare col misurare la posizione e la velocità del pianeta di cui ci accingiamo a studiare il movimento. Il risultato dell'osservazione viene tradotto in termini matematici derivando i numeri per le coordinate e i momenti del pianeta dall'osservazione. Poi vengono usate le equazioni del moto per derivare, da questi valori delle coordinate e dei momenti in un dato tempo, i valori delle coordinate o di qualsiasi altra proprietà del sistema per un qualsiasi punto successivo del tempo. In tal modo l'astronomo può predire le proprietà del sistema per qualsiasi momento del futuro. Può, ad esempio, predire il tempo esatto di un'eclisse di luna.
>
> Nella teoria dei quanta il procedimento è leggermente diverso. Potremmo, ad esempio, interessarci al moto d'un elettrone dentro una camera a nebbia e potremmo determinare con diversi tipi d'osservazione la posizione iniziale e la velocità dell'elettrone. Ma questa determinazione non sarà precisa. Conterrà per lo meno le inesattezze derivanti dalle relazioni d'incertezza e probabilmente errori ancora più grandi dovuti alla difficoltà dell'esperimento. È la prima di queste inesattezze che ci permette di tradurre il risultato dell'osservazione nello schema matematico della teoria dei quanta. Si scrive una funzione di probabilità che rappresenta

la situazione sperimentale al momento della misurazione, includendo anche i possibili errori della misurazione....

Quando la funzione di probabilità nella teoria dei quanta è stata determinata al momento iniziale dell'osservazione, è possibile dalle leggi della teoria dei quanta calcolare la funzione di probabilità per ogni tempo successivo e quindi la probabilità di una misurazione che dia un valore specifico della quantità misurata. Possiamo, ad esempio, prevedere la probabilità di trovare l'elettrone in un tempo successivo ad un dato punto della camera a nebbia. Bisognerebbe però sottolineare che la funzione di probabilità non rappresenta di per sé un corso di eventi svolgentisi nel corso del tempo. Rappresenta soltanto una tendenza per gli eventi e per la nostra conoscenza di essi. La funzione di probabilità può essere connessa con la realtà soltanto se si adempie una condizione essenziale: se vien fatta una nuova misurazione per determinare una certa proprietà del sistema....

Perciò, l'interpretazione teoretica di un esperimento richiede tre stadi distinti: (1) traduzione della situazione sperimentale iniziale in una funzione di probabilità; (2) accompagnamento di questa funzione lungo il corso del tempo; (3) determinazione di una nuova misurazione del sistema il cui risultato può poi essere calcolato dalla funzione di probabilità. Per il primo punto è condizione necessaria la determinazione delle relazioni d'incertezza. Il secondo punto non può venir descritto in termini di concetti classici; non vi è alcuna descrizione possibile di ciò che accade al sistema fra l'osservazione iniziale e la nuova misurazione. È soltanto nella terza fase che passiamo di nuovo dal «possibile» al «reale». (59-61)

Trascuriamo quanto in questo passo parla di relazioni d'incertezza ed errori di osservazione, e limitamoci all'ossatura più fondamentale delle due situazioni descritte. In meccanica classica si ottengono delle misure, si opera matematicamente su di esse dimenticando per il momento gli oggetti misurati e infine si confrontano i risultati ottenuti con nuove misurazioni degli stessi oggetti; *ma gli oggetti erano pur sempre disponibili a essere misurati anche quando li si dimenticava*. Dimenticarli è un'opzione, non una necessità. In meccanica quantistica, invece, o si osserva o si calcola: *mentre si sta calcolando, l'oggetto del calcolo non è reale e quindi neppure disponibile a essere osservato*. Dimenticare l'oggetto, in questo caso, è una necessità.

Quel che abbiamo detto qui della misura spettroscopica ci porta a concludere che, se la meccanica quantistica rappresenta una deviazione dal concetto classico di misura, in chimica abbiamo a che fare con la deviazione *opposta*. Nel tipo di misura più comunemente usato in chimica, non solo l'oggetto è sempre disponibile a essere osservato ma *deve* essere sempre tenuto presente, nella sua interezza e complessità. *Non* dimenticare l'oggetto è una necessità, non un'opzione. Il che dimostra quanto radicale sia la differenza tra chimica e fisica quantistica, sia pur riconoscendo l'ovvia e preziosa interazione (che in questo stesso capitolo abbiamo illustrato) fra le due discipline.

6. Cristalli

La termodinamica è il più affascinante terreno di gioco comune di fisica e chimica, dove due diverse filosofie d'indagine trovano un punto di equilibrio e di sintesi; vi hanno lavorato e dato contributi fondamentali fisici come Enrico Fermi e chimici come Ilya Prigogine. La sua pulizia formale, l'armonia che vi si riscontra fra risultati di laboratorio ed elaborazioni teoriche hanno attirato generazioni di studiosi e continuano a esercitare un influsso profondo su altre discipline: ingegneria, statistica, biologia, neuroscienze. Vale la pena di citare in proposito una frase di Einstein: «Una teoria è tanto più convincente quanto più semplici sono le sue premesse, quanto più varie sono le cose che essa collega, quanto più esteso è il suo campo d'applicazione. Per questo la termodinamica classica mi fece un'impressione così profonda. È la sola teoria fisica di contenuto universale che sono certo non sarà mai sovvertita, entro i limiti in cui i suoi concetti fondamentali sono applicabili» (*Autobiografia scientifica* 24). Non solo la previsione di Einstein è tuttora valida, ma l'importanza della termodinamica cresce man mano che l'interesse della scienza si sposta dai costituenti elementari della materia verso le strutture relazionali e organizzative dei sistemi. Non intendiamo qui entrare nel vivo di tale disciplina; è però opportuno soffermarsi brevemente sulle sue origini perché il farlo ci permetterà di enunciare alcuni principi essenziali di ordine e disordine della materia, come premessa per l'argomento centrale di questo capitolo.

Nella seconda metà del Seicento il chimico-fisico inglese Robert Boyle operò un cambiamento di prospettiva epocale rispetto alla scienza dei suoi tempi, aprendo una strada alternativa al meccanicismo. Il punto di partenza erano i gas, parola che deriva da caos e sta a indicare (in opposizione a cosmo) uno stato primordiale di totale assenza di ordine, in cui le particelle costituenti vagano liberamente senza intrattenere tra loro alcuna relazione degna di nota. I greci assegnavano questa situazione allo stato iniziale dell'universo, antecedente all'imposizione di leggi di organizzazione generali dalle quali sarebbe nato un universo ordinato (il cosmo appunto). A Boyle i gas interessavano perché, da chimico quale si definiva (*The Sceptical Chymist* è il titolo del suo capolavoro, scritto in forma di dialogo), era assorbito in una ricerca di grande utilità pratica: intendeva mettere a punto un desalinatore che rendesse possibile la produzione di acqua potabile per i lunghissimi viaggi transoceanici, la cui efficienza era fortemente limitata dalla necessità di dotarsi di ingombranti riserve d'acqua per dissetare l'equipaggio.

Boyle aveva osservato che, bollendo l'acqua, il vapore (cioè l'acqua stessa in un diverso stato di aggregazione della materia) si liberava del sale contenuto e, quando condensava in un alambicco in cui veniva raffreddato, era potabile. In laboratorio con piccole quantità ma anche sulla terraferma avendo a disposizione grandi impianti, questo processo non poneva nessun problema (e in effetti esistevano tecniche molto antiche e ampiamente comprovate per la produzione di grappa, whisky, vodka...). Era però necessario trovare una scala di produzione ottimale per una nave con centinaia di persone a bordo, che doveva produrre grandi quantità d'acqua (più litri al giorno per persona) in uno spazio limitato e senza usare troppa energia. (È lo stesso problema che, su scala diversa, incontrano i moderni desalinatori.) Il punto principale della faccenda, dunque, era acquisire padronanza del passaggio di stato dei liquidi, in particolare della transizione fra il disordine della fase gassosa e l'ordine intermedio di quella liquida.

Un fisico di rigida osservanza newtoniana avrebbe cercato di formalizzare il problema studiando le traiettorie delle particelle costituenti la materia e quindi le condizioni favorenti gli urti (cioè la loro aggregazione verso la fase più ordinata) o viceversa la loro dispersione e conseguente transizione verso la fase gassosa. Un progetto del genere è chiaramente folle, perché si tratterebbe di seguire un numero stratosferico di particelle che per giunta sono invisibili. Boyle ebbe allora un'idea geniale: sostituire la conoscenza (impossibile in questo caso) dei singoli elementi del sistema con quella di parametri generali del sistema stesso, emergenti a livello statistico su insiemi enormi di particelle e dotati della stessa precisione, se non maggiore, delle accurate misure dinamiche, ma di una precisione appunto *emergente* dall'interazione fra i numeri elevati e la stocasticità (cioè casualità) intrinseca di ogni singolo elemento – impercettibile a livello elementare, essa appare solo come regola di comportamento globale. (Lo stesso problema affascinava il fondatore della teoria della probabilità Blaise Pascal, ma l'empirico Boyle se lo poneva in termini pratici.) Questi parametri, apparentemente grossolani ma in realtà potentissimi, erano la concentrazione, la pressione, il volume e la temperatura del gas. La scommessa di Boyle era che lo stato generale del suo sistema potesse essere completamente definito da queste grandezze, così da rendere inutile lo studio «alla Newton» dei singoli atomi. La scommessa fu vinta: Boyle scoprì una legge che, in certe condizioni (dette in seguito «dei gas ideali»; scoperta successivamente e autonomamente dal francese Edme Mariotte, la legge è anche nota come di Boyle-Mariotte), è dotata di una ripetibilità impressionante: a una certa temperatura e con una determinata concentrazione di particelle, la pressione di un gas non può variare indipendentemente dal suo volume ma segue la proporzionalità inversa $PV = k$ (dove k è un valore numerico costante, P e V sono rispettivamente la pressione e il volume del gas). Nell'immagine a sinistra della figura seguente si osserva il rapporto sancito dalla legge, con il volume in ascissa e la pressione in ordinata; nell'immagine a destra si fa notare come il sistema, se forzato a uscire fuori dallo spazio consentito dalla legge (cerchietto vuoto), cioè dalla pressione corrispondente a quel volume, immediatamente vi ritorna. I punti lungo la curva (che è un'iperbole, detta *isoterma* perché descrive il comportamento di un gas a temperatura costante; a ogni diversa temperatura corrisponde una diversa iperbole) sono dunque stati di equilibrio cui il sistema ritorna appena esaurito l'effetto di una forzatura indotta dall'esterno.

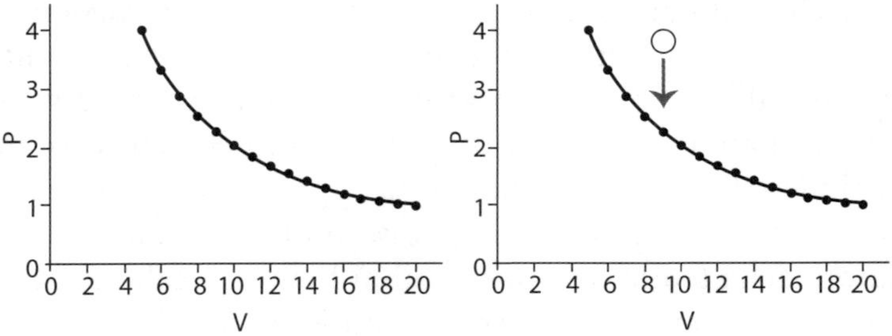

In seguito la termodinamica ha generalizzato l'equazione di stato dei gas ideali includendovi concentrazione e temperatura del sistema e arrivando alla nuova formulazione $PV = nRT$, dove n è la concentrazione (espressa in numero di *moli*, cioè secondo la corrente unità di misura della quantità di materia), T è la temperatura e R la *costante dei gas*, che svolge qui la stessa funzione della k nella formulazione precedente. È anche arrivata a definire esattamente l'energia libera di una trasformazione: la differenza tra la sua spontaneità (produzione di energia) e necessità di essere forzata (assorbimento di energia) – e, siccome le trasformazioni tendono ad andare verso una diminuzione dell'energia libera del sistema, è divenuta una «scienza delle trasformazioni» che, dati gli stati iniziale e finale di un processo e indipendentemente dal percorso seguito, ne può giudicare la probabilità di occorrenza. Il suo campo si è molto esteso al di là dei gas ideali e della loro mancanza di interazioni significative fra gli elementi del sistema: uno dei descrittori efficaci di un sistema è ora proprio il suo grado di disordine, o *entropia*, definito come il numero di microstati (configurazioni degli elementi) corrispondenti a un macrostato (il sistema stesso definito in termini di pressione, volume, temperatura e quantità di materia) – in altre parole, quante diverse configurazioni microscopiche danno luogo agli stessi valori macroscopici. Usando questo descrittore, gli stati della materia possono essere caratterizzati in due modi estremi:

(1) Ordine: una sola configurazione possibile, come nella cella cubica di un cristallo di sale da cucina in cui le posizioni reciproche degli ioni di sodio e di cloro sono praticamente invarianti. Nella figura seguente è riportata a sinistra questa struttura, con gli ioni di cloro in verde e gli ioni di sodio in celeste.
(2) Disordine: un gas ideale, in cui le molecole occupano tutte le posizioni possibili nel volume in cui sono distribuite, con l'unico vincolo offerto dalle pareti del contenitore e con correlazione reciproca (quasi) nulla. Nelle due immagini a destra nella figura è rappresentato un gas prima della diffusione, cioè del raggiungimento del suo stato di equilibrio (vi si nota un accenno di struttura: le palline rosse rappresentanti una certa specie atomica sono concentrate in fondo all'immagine, rompendo l'assoluta simmetria del sistema), e poi lo stesso gas dopo la diffusione (le palline gialle e rosse rappresentanti le due specie che costituiscono il gas sono distribuite allo stesso modo nello spazio).

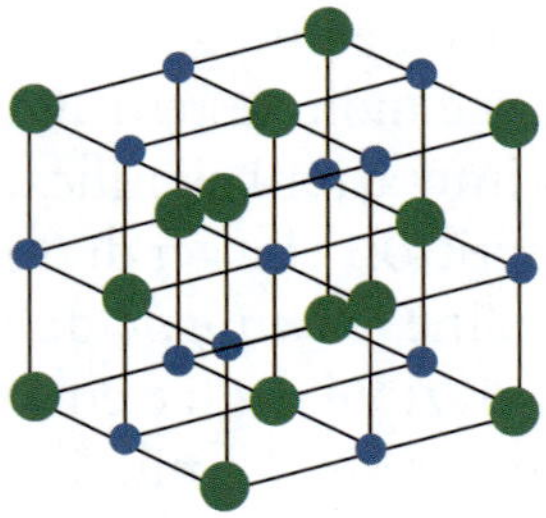

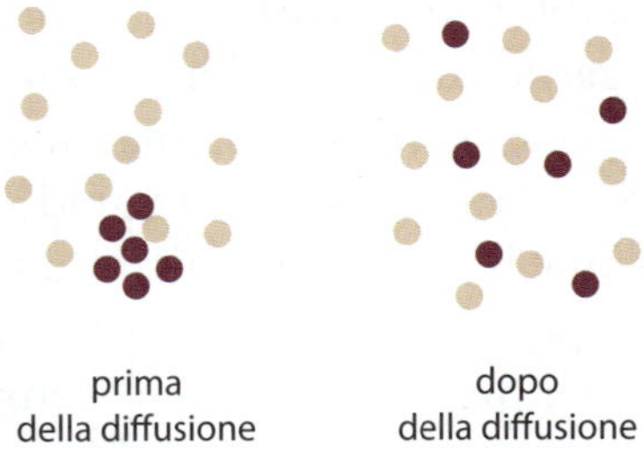

La materia si presenta in diversi gradi intermedi fra i due estremi, ma la particolare natura delle forze intermolecolari (come il legame idrogeno di cui abbiamo parlato nel secondo capitolo) fa sì che si possano identificare tre stati di aggregazione principali: solido, liquido e gassoso. Macroscopicamente, lo stato solido ha forma e volume propri, lo stato liquido ha volume proprio e assume la forma del contenitore, lo stato gassoso non ha forma propria e occupa l'intero volume del contenitore. La probabilità di costituire i legami che determinano questi stati dipende dai classici parametri termodinamici (temperatura, pressione…) e ogni sostanza ha un suo caratteristico *spazio delle fasi* (o *diagramma di fase*): una particolare segmentazione dello spazio delle variabili termodinamiche a seconda del suo stato di aggregazione. Nella figura seguente è riportato il diagramma di fase dell'anidride carbonica (CO_2).

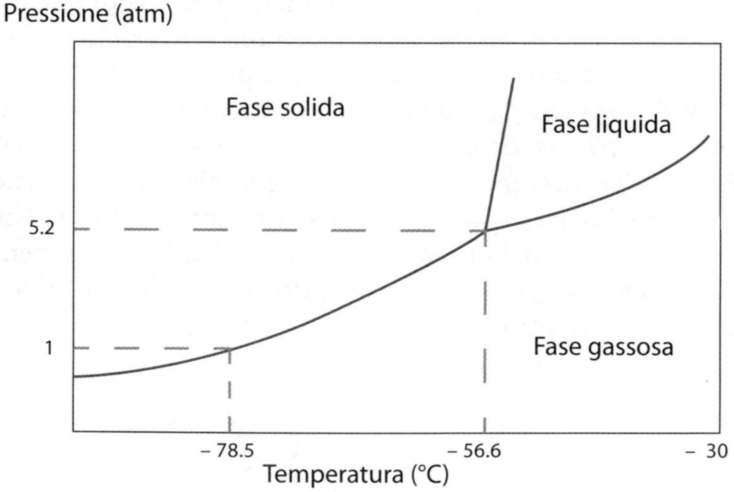

In ascissa la temperatura, in gradi centigradi; in ordinata la pressione, in atmosfere. Le linee continue segmentano lo spazio in tre aree distinte corrispondenti alle tre fasi di aggregazione della materia e indicano quindi le linee di confine tra i diversi comportamenti. Il punto di coordinate temperatura = –56,6 e Pressione = 5,2 è il cosiddetto punto triplo, *che i matematici chiamerebbero una* cuspide *e i geografi uno* spartiacque.

Sulle linee continue (dette *separatrici* per rimarcarne il significato di confine tra diversi regimi del sistema) e in particolare nel punto triplo, il sistema è molto instabile: piccole variazioni di temperatura e pressione possono farlo andare verso destini molto diversi (verso configurazioni alternative). Altre zone del diagramma sono molto più resistenti; per esempio un punto di coordinate –40 e 0,1 è ben dentro la fase gassosa e piccole variazioni di temperatura e di pressione non vi provocano alcuno sconvolgimento.

Per quasi tutti i materiali noti le zone di transizione fra stati sono appunto delle linee, prive cioè di larghezza: luoghi in cui il sistema di fatto non risiede per periodi di tempo osservabili (se non c'è larghezza, non c'è letteralmente dove fermarsi) ma solo transita durante le sue trasformazioni. Che cosa avverrebbe, tuttavia, se alcuni materiali avessero un diagramma di fase con separatrici dotate di larghezza, se cioè potessero essere mantenuti in uno stato di «indecisione» fra le proprietà dei cristalli (dei solidi) e quelle dei liquidi? Ci troveremmo di fronte a un *quarto stato della materia*: quello denominato (con intenzionale ossimoro) dei *cristalli liquidi*, o per meglio dire delle «proprietà liquido-cristalline possedute da alcuni composti organici» scoperte nel 1888 dal botanico austriaco Friedrich Reinitzer.

Reinitzer si accorse che, riscaldando cristalli di benzoato di colesterile, la cui formula di struttura è

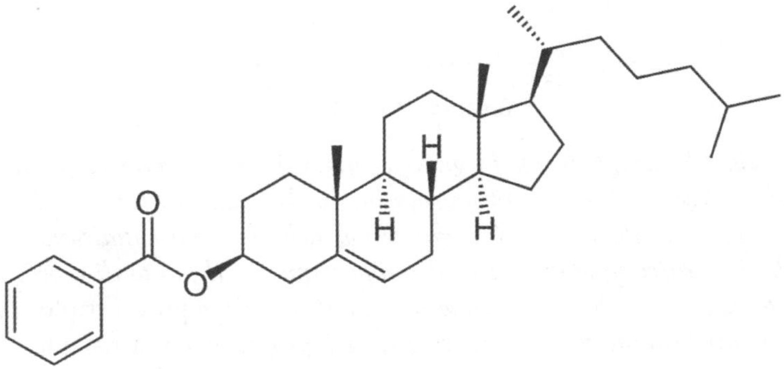

il materiale diventava prima opaco, per poi schiarirsi al progressivo crescere della temperatura. Una volta raffreddato, il liquido diventava bluastro e quindi cristallizzava. Se ricordiamo il legame profondo tra colore e forma della materia, questo comportamento è strabiliante: la stessa molecola offriva alla luce forme diverse di rifrazione, cambiava la sua organizzazione, dava vita a soluzioni alternative mantenendo la medesima struttura.

Reinitzer non aveva la competenza teorica per affrontare un fenomeno di cui pure percepiva l'enorme interesse; scrisse quindi al fisico tedesco Otto Lehmann per chiedergli conferma della rilevanza delle sue osservazioni. Il successivo articolo di

Lehmann *Flüßige Kristalle* (*Cristalli fluenti*) inaugurò la ricerca sul tema.

Le transizioni cui andava incontro il benzoato di colesterile erano un segno della natura altrettanto strabiliante del materiale: in condizioni particolari, i cristalli liquidi non passano direttamente dallo stato liquido a quello solido ma sono in grado di organizzarsi in fasi intermedie (*mesofasi*) che presentano caratteristiche sia dell'uno sia dell'altro stato. Le mesofasi (individuate in seguito anche in altri composti organici) hanno, come i cristalli, un ordine riconoscibile, ma non fisso e immutabile; al contrario, il loro ordine è instabile e molto sensibile alle condizioni di contorno. Il materiale oscilla tra varie configurazioni a fronte di piccoli cambiamenti ambientali come la direzione di un campo elettrico, la presenza nel mezzo di specie cariche o di altre molecole, piccole variazioni di temperatura o di concentrazione di ioni idrogeno (pH).

La particolare forma d'instabilità dei cristalli liquidi ha fatto trovare loro largo uso nella costruzione di schermi (di televisori, computer, telefoni cellulari), che ne sfruttano le proprietà ottiche. In presenza di un campo elettrico, certe molecole liquido-cristalline si allineano con esso, alterando la polarizzazione della luce. Ciò permette di filtrare la luce che passa per appositi pannelli polarizzati e di «dipingere» immagini mediante il delicato cambiamento di configurazione dei cristalli liquidi, che seguono le piccole variazioni di campo elettrico corrispondenti al segnale, cioè all'informazione legata all'immagine trasmessa. In altre parole, per la sua estrema sensibilità alle condizioni esterne, il sistema può «misurare» quelle condizioni e «rappresentarle» modificando la propria organizzazione.

La ricetta molecolare (detta *anfifilica*) alla base della capacità dei cristalli liquidi di assumere forme diverse è il contrasto fra due diversi principi organizzatori con effetti opposti. In alcuni casi l'anfifilicità nasce dal bilancio fra attrazione e repulsione di distribuzioni di cariche opposte nella molecola; per altri sistemi invece è dovuta alla contemporanea presenza di elementi del sistema (detti *idrofili*) che preferiscono solubilizzarsi in acqua e altri (detti *idrofobi*) che preferiscono la soluzione in fase lipidica (in grasso). È questo il caso, per esempio, delle sostanze tensioattive che formano emulsioni: aggregati di piccole sfere (*micelle*) che espongono verso il solvente acquoso la fase idrosolubile e all'interno la fase lipidica creando compartimenti separati e risultando così preziose per applicazioni che vanno dal trasporto di farmaci alla bonifica di siti inquinati. (Le molecole inquinanti vengono catturate dalle micelle e quindi separate dalla fase acquosa da bonificare – un processo operato con regolarità a seguito del rilascio accidentale di grandi quantità di petrolio in mare.) Se il sistema deve rispondere a stimoli contrastanti si dice (utilizzando un termine preso a prestito dalla psicologia) che è *frustrato*, cioè non ha una singola configurazione di equilibrio che accomodi tutte le forze opposte, corrispondente a un livello minimo di energia nettamente più favorevole di altri, ma molte diverse configurazioni stabili con lievi differenze energetiche tra loro e tali che la prevalenza dell'una o dell'altra è legata a un sottile bilancio energetico con le condizioni ambientali.

Arriva così a un supremo livello di sofisticazione quella sensibilità all'interazione con un campo esterno che già avevamo osservato nel capitolo precedente. Le macromolecole biologiche, soprattutto le proteine, svolgono la loro funzione proprio grazie a questa sensibilità al microambiente, che viene misurato nei dettagli attraverso l'adattamento della configurazione del materiale alla particolare «forma» che corrisponde alla sua posizione di equilibrio (energia minima) date certe condizioni esterne. È come se la materia stessa si «prendesse in carico» la misura dell'ambiente mediante la sua plasmabilità e insieme desse dell'ambiente una «personale interpretazione» in termini di modificazione di forma. Nei televisori a cristalli liquidi, il costruttore utilizza le modificazioni della materia in un ambito e per scopi da lui controllati; nel caso delle mesofasi naturali (come nelle proteine) non abbiamo alcun costruttore ma una complessa mappatura dell'ambiente che garantisce il perpetuarsi della vita.

Nelle prime pagine dei *Principia*, Newton descrive il tipo

d'intervento sul mondo che è coerente con la sua concezione della fisica: la meccanica razionale rende esatte e necessarie, con la matematica, le regole empiriche usate per la progettazione e la costruzione dei manufatti. Tracciare una linea retta, identificare il principio di minima azione e le direzioni delle forze agenti su un corpo sono tutte attività ben presenti nella «meccanica pratica», cioè appunto nella costruzione di manufatti; la filosofia naturale (noi diremmo, *tout court*, la scienza) si occupa di precisarle e giustificarle. In questa luce, l'agire tecnico si fonda sul riferimento a un mondo regolato da leggi matematiche che determinano la meccanica come *razionale* e selezionano, tra le molte e diverse regolarità presenti in natura, quelle passibili di essere espresse in termini di moti e di forze. Anche l'universo dei manufatti, dunque, sarà governato dalle stesse leggi inflessibili: linearità (proporzionalità fra causa ed effetto), determinismo, conservazione dell'energia. È in questo universo che vivono le *macchine*; e anche la scoperta dei loro limiti dovuta, in un altro suo fondamentale contributo, alla termodinamica (irreversibilità delle trasformazioni lavoro-calore, impossibilità di una resa perfetta) agisce più come condizione di sfondo che come regola del loro funzionamento. La stessa tecnologia informatica, nascondendo alla vista la parte materiale del calcolo (i *circuiti bistabili*, ossia stabili solo negli stati 0 e 1), si svolge in un mondo deterministico e lineare di «se… allora» dove le frecce che articolano lo scheletro del *software* hanno lo stesso ruolo delle relazioni causa-effetto in un sistema meccanico.

La chimica, sin dai suoi inizi, si è mossa in modo diverso. Le nostre dita e i nostri strumenti sono troppo ingombranti per intervenire direttamente su atomi e molecole; la produzione di sostanze utili all'uomo è dovuta subito venire a patti con affinità elettive già date in natura, con regole di valenza immutabili. L'azione umana ha dovuto limitarsi a creare un ambiente favorevole in termini di temperatura e concentrazione relativa di varie sostanze, per poi *lasciar fare* allo svolgersi degli eventi all'interno di un forno alchemico (o di un moderno reattore). Insomma il cuoco lavora diversamente da un meccanico; prima o poi chiude il forno e aspetta. E qui s'impone un'ultima citazione da Primo Levi:

> Che cos'era poi, alla fine dei conti, quella chimica su cui il Tenente ed io ci arrovellavamo? Acqua e fuoco, nient'altro, come in cucina. Una cucina meno appetitosa, ecco: con odori penetranti o disgustosi invece di quelli domestici; se no, anche lì il grembiulone, mescolare, scottarsi le mani, rigovernare alla fine della giornata. (*Il sistema periodico* 76)

Le sostanze chimiche, anche quando sono sintetizzate in laboratorio, mantengono una loro insopprimibile naturalità: sono pur sempre eseguite su uno spartito offerto dalla natura in termini di regole di composizione. Il che fa sì che una droga sintetica interagisca con un ricettore proteico nel nostro cervello o che un inquinante ambientale inibisca la crescita di alcune specie vegetali e ne favorisca altre. Certo anche un'automobile (la *macchina* per antonomasia) interagirà con il mondo circostante attraverso l'ossidazione della sua carrozzeria o l'inquinamento provocato dai suoi gas di scarico; ma si tratta di suoi aspetti secondari, che non ne esprimono il funzionamento specifico. Con i cristalli liquidi siamo per la prima volta di fronte, dopo Newton, a una tecnologia ibrida su cui il progettista ha un grado di controllo superiore a quello standard della chimica ma che allo stesso tempo mantiene un alto grado di naturalità. Si possono progettare gabbie micellari con forme preordinate in modo non troppo dissimile da quel che faremmo con giunti di legno o di acciaio, e i cristalli liquidi del nostro televisore possono essere configurati perché abbiano specifiche caratteristiche di rifrangenza, ma rimane comunque vero che il progettista non sta costruendo un mondo *altro*: sta cercando, e trovando, soluzioni già pronte in natura per poi adattarle con il minor numero possibile di cambiamenti ai suoi scopi. Sta usando il suo acume per riconoscere in un fenomeno naturale un aspetto che possa essere utilmente sfruttato da un processo tecnologico.

Mentre ci avviciniamo alla conclusione, nella quale tenteremo di riassumere i temi emersi nel nostro discorso, riappare così una volta di più il legame della chimica con la produzione – un legame che è insieme il limite e la forza di questa scienza. Importanti ricerche di immediata ricaduta applicativa sono tenute nascoste per motivi economici; un esempio fra molti sono i materiali nanoporosi (con minuscoli pori, cioè, e anch'essi caratterizzati da mesofasi) sviluppati dalla Mobil Oil negli anni Novanta del secolo scorso. E ai segreti aziendali si aggiunge il cordiale disprezzo (peraltro ricambiato) che scienze più astratte e «nobili» spesso manifestano per gli ingegneri chimici dell'industria petrolifera, e per l'idea che da loro possano venire contributi autorevoli alla ricerca di base. È anche vero, però, che la relativa lontananza della chimica dal dibattito, quindi anche dalle mode, comuni in altre scienze le permette di coltivare aree protette in cui possono svilupparsi in libertà idee motivate da puri interessi pratici che non sempre coincidono con la vulgata teorica dominante.

Oggi, con la crisi avanzante del paradigma riduzionista in biologia e con nuovi campi applicativi come le nanotecnologie che pongono più problemi teorici di quanti pratici ne risolvano, siamo forse arrivati a un punto critico in cui teoria e scienza applicata hanno l'una bisogno dell'altra. E i cristalli liquidi sono un buon simbolo di questa possibile virtuosa collaborazione. Da un lato infatti si è aperta l'opportunità pratica di usarli come base materiale per le strutture computazionali, superando la logica binaria, o bistabile, dei circuiti in silicio. Dall'altro le dinamiche neuronali vengono studiate, per ora solo a livello teorico, con simulazioni ispirate al comportamento di questi strabilianti cristalli.

Conclusione: la terra di mezzo

Nel capitolo precedente abbiamo incontrato le micelle: cristalli liquidi caratterizzati dalla compresenza di uno strato idrofobico (solubile nei grassi) e uno idrofilico (solubile in acqua). Allora la nostra attenzione era rivolta alla disponibilità di questa e altre sostanze ad acquisire strutture diverse in risposta all'ambiente. Qui vogliamo concentrarci su un altro aspetto del loro comportamento, che emergerà studiando la relazione fra le micelle e l'acqua in cui vengono disciolte. E, per semplificare il problema, poniamoci una domanda preliminare: «Che cosa succede se cerco di forzare una sostanza altamente idrofobica in un solvente acquoso?»

La risposta classica è «Si formano due fasi separate: la sostanza idrofobica si aggrega da una parte, l'acqua da un'altra». Questo è ciò che normalmente accade, per esempio, se versiamo olio in acqua; ma si noti che l'operazione del versare può aver luogo con modalità ed esiti diversi. Se procediamo con la necessaria delicatezza si formerà uno strato omogeneo di olio sulla superficie dell'acqua (l'olio è meno denso dell'acqua) e le due fasi appariranno anche a occhio nudo come separate. Se invece ci muoveremo senza particolari accorgimenti potrebbe accadere che si formino sul pelo dell'acqua gocce d'olio (cioè sistemi compartimentalizzati, per molti versi analoghi a micelle) di diverse dimensioni, separate fra loro.

Passando ora dalle vicende casalinghe dell'olio a quelle di laboratorio relative a molecole, incontriamo un'alternativa analoga. La figura seguente, tratta da un lavoro del chimico californiano Ken Dill e dei suoi collaboratori, illustra l'insorgere di comportamenti qualitativamente molto diversi (quella che nel capitolo precedente abbiamo chiamato una transizione) al variare continuo di parametri elementari (in questo caso le dimensioni della molecole di soluto).

soluto piccolo
(separato dal
solvente)

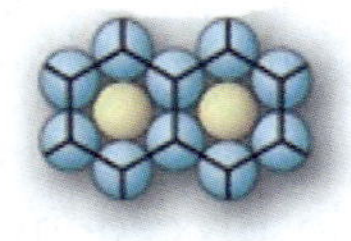

soluto grande
(non separato dal
solvente)

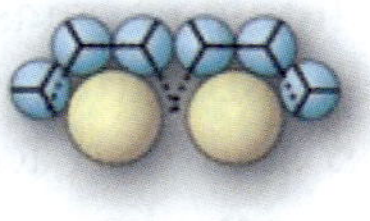

Le palline gialle sono proporzionali alle dimensioni delle molecole del materiale lipidico. Se tali molecole sono più piccole (immagine in alto) allora le molecole d'acqua (rappresentate come treppiedi costituiti dagli atomi d'idrogeno e di ossigeno secondo lo schema detto Mercedes-Benz o MB perché ricorda lo stemma della casa automobilistica tedesca) si dispongono a formare una rete di legami idrogeno che intrappola il soluto in una gabbia e tiene le sue molecole lontane le une dalle altre (come per l'olio che si disperde a gocce). Se invece le molecole lipidiche sono più grandi allora il solvente non riesce a separarle e queste, essendo idrofobiche e quindi estranee all'ambiente acquoso, tendono ad attrarsi fra loro, a respingere l'acqua ai margini del loro sistema e a creare due fasi separate (come per l'olio che si deposita uniforme sulla superficie dell'acqua).

A fare la differenza tra i due esiti, oltre alle dimensioni delle molecole di soluto, è il delicato equilibrio di due determinanti termodinamici. Da un lato lo strutturarsi delle molecole d'acqua intorno al soluto nello schema a gocce richiede energia, il che in linea di principio favorirebbe il modello a fasi separate in quanto meno impegnativo. Dall'altro, però, la rete di molecole d'acqua del modello a gocce consente la formazione di un reticolo regolare di legami idrogeno: un fenomeno che *sviluppa* energia e quindi favorisce questo modello. Variazioni nell'equilibrio fra i due determinanti produrranno dunque l'una o l'altra configurazione; il che ha notevole importanza pratica nel caso specifico delle micelle in quanto ci permette di scegliere, a seconda degli usi cui vogliamo adattarle, tra la presenza di una fase lipidica del tutto separata dal solvente acquoso e una stretta interpenetrazione nel solvente. Tale scelta, però, e questa è la morale che vogliamo trarre dalla nostra storia, non può nemmeno essere posta, per non dire attuata, a livello atomico: dobbiamo situarci a una scala superiore, dove si possano cogliere fattori come le dimensioni delle molecole e le loro interazioni, in particolare l'equilibrio tra energia spesa nella costituzione di una rete di molecole ed energia acquisita mediante il costituirsi di legami idrogeno. Non è la scala alla quale interagiamo con l'olio in cucina, che potremmo chiamare macroscopica, e non è nemmeno quella che potremmo dire microscopica: la scala delle più minute componenti della materia. È una terra di mezzo, abitata dalla chimica e irriducibile insieme alla più piccola e alla più grande, sede di suoi propri fenomeni e spiegazioni: la scala *mesoscopica*.

Siamo partiti in questo libro indicando il nostro principale obiettivo polemico: il riduzionismo. Lo abbiamo caratterizzato come la tesi che in natura esista un livello *fondamentale* di oggetti, proprietà e relazioni – l'unico davvero reale – cui ogni altro debba essere, appunto, ridotto. Nelle sue versioni più comuni, il fondamento dell'essere va cercato *frammentandolo* il più possibile, arrivando ai suoi *atomi* in senso etimologico: a quelle particelle *indivisibili* che ne rappresenterebbero la sostanza più genuina. Siccome tale atteggiamento, nei termini hegeliani che abbiamo usato nell'introduzione, è una categoria onnicomprensiva del pensiero, lo ritroviamo anche fuori dai laboratori di fisica: in quanti credono di capire meglio il comportamento di una persona o di una comunità riducendolo a certe loro pulsioni elementari, o in quei critici letterari che cercano il segreto di una poesia nella ricorrenza in essa di certe parole o certi tropi. Il discorso che abbiamo portato avanti è una critica del riduzionismo, in senso costruttivo perché, piuttosto che segnalarne presunti disastri (del genere: «per capire la vita l'abbiamo fatta a pezzi»), offre un altro modo di vedere le cose – e di fare scienza. In questa alternativa entrambe le tesi enunciate sopra sono rinnegate: non solo, infatti, la verità non è necessariamente il risultato dell'analisi più fine, ma non è neanche detto che esista un livello fondamentale, piccolo o grande che sia. Occorre invece, di volta in volta, determinare il livello che meglio ci permetta di vedere e capire quel che ci interessa. In generale, sarà il livello al quale le relazioni fra le componenti di un sistema mostrano più chiaramente il loro peso e quindi anche il loro valore predittivo.

La metodologia statistica ha ampiamente trattato il problema della ricerca di questo livello ottimale di analisi definendolo (l'espressione è di Pascual e Levine) come quello «che massimizza il determinismo non banale». Un esempio di determinismo banale è «Ogni proteina è costituita da venti specie di amminoacidi»: un principio ineccepibile che però, proprio perché non ha eccezioni, non ci aiuta minimamente a capire che cosa differenzia una proteina dall'altra, né ci dice alcunché sulla variabilità naturale di un sistema, sulle sue trasformazioni, sulla sua capacità di adattarsi alle contingenze rimanendo sé stesso. È il determinismo esplicito nel passo di Laplace citato, insieme con Hegel, nell'introduzione: le equazioni di un modello esprimono una relazione causale e completamente predittiva tra passato e futuro; date condizioni iniziali conosciute in maniera esatta, ci permettono di derivare altrettanto esattamente l'evoluzione del sistema. Ogni variazione da questa legge inflessibile è un errore, un *limite* della nostra conoscenza (dei nostri strumenti osservativi, per esempio, o delle nostre capacità di calcolo). Nel determinismo non banale, invece, la variabilità è concepita come informazione, e occorre situarsi nella prospettiva più consona a far risaltare al massimo tale informazione.

A scopo illustrativo, torniamo al tipo di grafici che abbiamo introdotto nel secondo capitolo, quando discutevamo il carapace delle tartarughe. Supponiamo di essere in una situazione simulata in cui stiamo studiando la relazione fra due variabili X e Y, correlate fra loro a meno di un errore – inteso come tutti quei particolari che sfuggono alla comprensione del modello. Che la situazione sia simulata (matematicamente) significa che quelli che consideriamo non sono veri dati: Y è stata calcolata a partire da X, solo che noi ci comportiamo come se non lo sapessimo e stessimo invece esaminando misure rilevate sperimentalmente. Eseguiamo la nostra simulazione a due scale diverse, rappresentate nella figura seguente: la prima con X che varia da –35 a +35, quindi con un intervallo di variazione di 70 (immagine A), e la seconda con X che varia da –5 a +5, quindi con un intervallo di variazione di 10 (immagine B). Per far sì che le due situazioni siano perfettamente confrontabili, il secondo esperimento sarà eseguito su una parte dei dati del primo, corrispondente al quadrato centrale dell'immagine A che comunque raccoglie l'80% dei punti presenti nell'immagine complessiva.

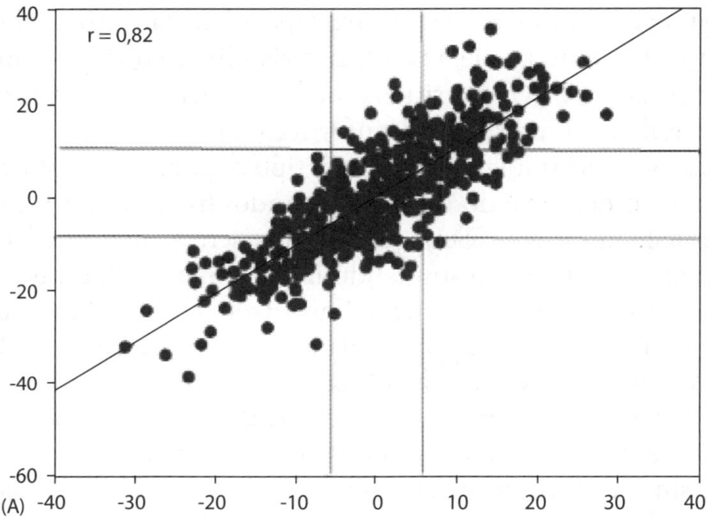

(A)

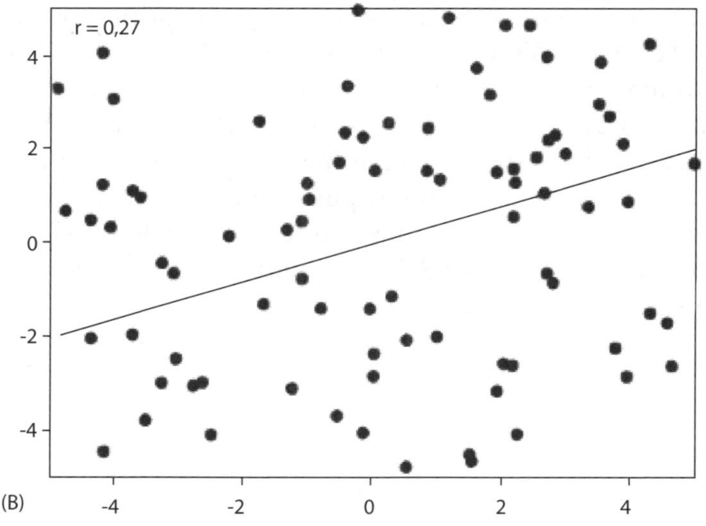

(B)

Le immagini parlano da sole. In A, il coefficiente di correlazione di Pearson (che, ricordiamo, misura l'adattamento dei dati alla retta e quindi il carattere esplicativo della retta stessa) è 0,82: un valore alto che indica un dato statisticamente significativo – esiste un nesso fra X e Y. In B, il coefficiente è 0,27: un valore irrisorio che ci porterebbe a giudicare X e Y sostanzialmente indipendenti. Una pura differenza di scala ci fa propendere per conclusioni opposte. In termini di scienza statistica, questo accade perché nella simulazione la deviazione media dalla retta (chiamata *deviazione standard*) è stata fissata a 7, quindi un ordine di grandezza vicino a 7 (su cui è costruita l'immagine B, dove abbiamo detto che l'intervallo di variazione è 10) è destinato a perdersi in quello che, statisticamente, è puro rumore di fondo: i punti sono visti a un livello al quale tutti i punti sono mediamente diversi gli uni dagli altri. Ma, a parte i dettagli tecnici, la conclusione è ovvia: se guardiamo le cose alla scala dell'immagine B, siamo in grado di mascherare una relazione che pure sappiamo con certezza esistere (perché l'abbiamo introdotta noi). Trasferiamoci ora nel pensiero dalla simulazione a un contesto in cui stiamo operando con dati osservativi reali, cioè stiamo cercando di seguire e comprendere un fenomeno naturale. L'esempio mostra che non esiste un livello fondamentale al quale ogni fenomeno possa essere seguito e compreso nel modo migliore, e che certo un tale livello non potrà sempre essere quello minimo; in ogni circostanza, invece, dovremo avvicinarci e allontanarci ripetutamente dall'oggetto di analisi (*giocare* con la distanza che ce ne separa) finché il disegno che esso traccia sull'orizzonte del mondo non emerga nella sua forma più nitida. Un po' come dobbiamo avvicinarci e allontanarci ripetutamente da un oggetto artistico per trovare la distanza giusta dalla quale apprezzare il suo messaggio e il suo valore estetico.

Quella del riduzionismo è una profezia autorealizzantesi: si arriva a una visione semplicistica della natura perché si studiano situazioni molto semplici. Ma le situazioni reali sono tutt'altro che semplici; e la chimica, disciplina eminentemente pratica, è rivolta a queste situazioni, la cui complessità è spesso pari alla loro apparente modestia. Tale è il caso della termodinamica dei microaggregati: quelle sospensioni di sabbia, polline, minuscoli animali, alghe… che costituiscono i nostri corsi d'acqua.

Sappiamo che, garantendo il mescolamento ottimale di una soluzione, dovremmo andare verso stati *stabili* di massima entropia, cioè di massima simmetria di composizione delle diverse zone di una soluzione; eppure se mescoliamo accuratamente un campione d'acqua di fiume e poi lo lasciamo riposare per qualche tempo, ci accorgiamo che si trova in uno stato molto ordinato, quindi di entropia molto ridotta – le particelle più pesanti si sono depositate sul fondo e quelle progressivamente più leggere sono localizzate verso la superficie. La forza di gravità ha funto da parametro d'ordine e prodotto un equilibrio che contraddice quello di massima entropia che ci saremmo aspettati per puro effetto della diffusione. Due processi situati a scale di grandezza molto diverse (gravità e diffusione) hanno interagito in uno stesso fenomeno con un risultato impossibile da prevedere in base a uno soltanto di essi – quindi a un'unica scala. Analoghe considerazioni valgono *a fortiori* per situazioni ancora più complicate come quelle che coinvolgono onde, vortici o flussi, confermando l'asserzione di Pascal, nei *Pensieri*, che i problemi dell'acqua sono tanto sottili da richiedere la più grande acutezza mentale.

Non c'è peraltro bisogno di andare molto in là nelle scale di grandezza per mettere in crisi il riduzionismo. L'interazione gravitazionale su cui era fondata la meccanica newtoniana (e l'atto di fede di Laplace) ha un solo verso: l'attrazione. L'interazione elettromagnetica ne ha due: attrazione nel caso di cariche opposte, repulsione nel caso di cariche omogenee. La coesistenza di cariche positive e negative in due corpi interagenti crea un andamento altamente non lineare dell'interazione elettromagnetica anche nel caso elementare di una molecola d'idrogeno (H_2), come indica la figura seguente che mostra l'equilibrio energetico dell'interazione fra due atomi d'idrogeno nella formazione di una molecola bi-atomica al variare della loro distanza.

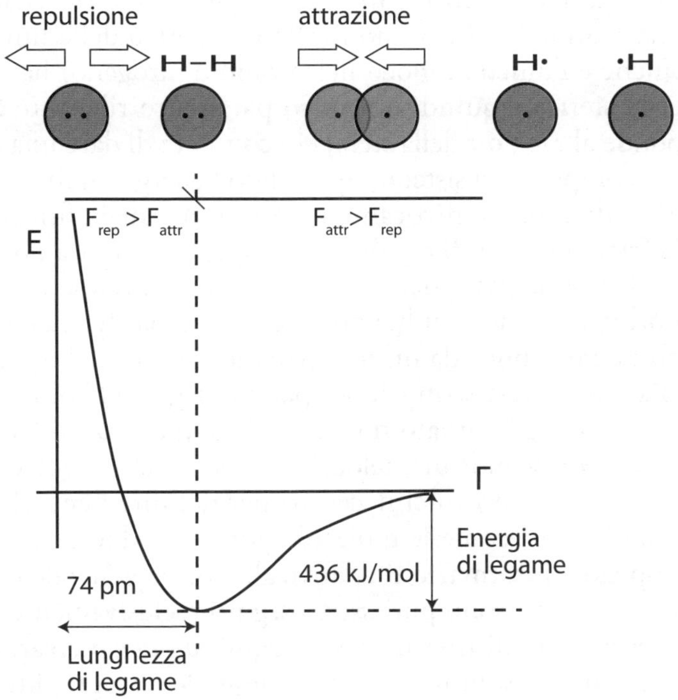

Nella figura le nuvole elettroniche (negative) sono in verde e i nuclei (positivi) sono indicati da un puntino nero. A sinistra prevale la repulsione: se le nuvole elettroniche si avvicinano troppo, i nuclei (entrambi carichi positivamente) si respingono. A destra prevale invece l'attrazione e il minimo energetico (cioè la posizione di equilibrio) si raggiunge in corrispondenza della linea tratteggiata a una distanza di 74 pm (picometri; un picometro è 10^{-12} metri) tra i nuclei e a un'energia di 436 kJ/mole (il joule è l'unità di energia; un kilo-joule, o kJ, è 1000 joule; la mole era stata introdotta nel capitolo precedente come unità di misura della quantità di materia).

Già qui, come si vede, la situazione non è semplice; ma le cose si complicano presto e in modo esponenziale. La molecola d'idrogeno, infatti, è l'unica di cui si possa render conto con un approccio che consideri solo le interazioni tra oggetti visti come cariche puntiformi – che si possa cioè ricostruire *dal basso*. L'orbitale *s* (il primo livello energetico delle nuvole elettroniche e l'unico in gioco nell'atomo d'idrogeno) ha una geometria sferica e quindi un unico parametro rilevante che corrisponde al raggio *r* della sfera; ciò consente di dare una descrizione completa del sistema riportando l'energia in funzione di *r* e di individuare univocamente il minimo della funzione energia (cioè il punto di equilibrio). Appena ci spostiamo più avanti nel sistema periodico, vengono a essere occupati i successivi orbitali *p*, che non hanno una simmetria sferica e non possono essere definiti da un solo parametro; inoltre l'orbitale molecolare (cioè la distribuzione spaziale degli elettroni nella molecola) non è più situato tra due cariche puntiformi (come nel caso dell'idrogeno) ma delocalizzato sull'intera molecola. I calcoli quanto-meccanici necessari per definire l'energia di sistemi molecolari come le molecole organiche devono quindi far appello a informazioni relative alla forma generale della molecola e non possono più essere eseguiti esclusivamente dal basso: necessitano di riferimenti a legami *top-down* creati dal contesto. Siamo insomma nella situazione descritta (nel terzo capitolo) quando consideravamo la differenza indotta dal contesto di una molecola d'acqua o di metano sulle caratteristiche del medesimo atomo d'idrogeno. E siamo entrati a pieno titolo nella terra di mezzo, dove a farla da padrone non sono più le forze e gli oggetti «fondamentali» ma le relazioni.

È il momento di tirare le fila. Il livello mesoscopico di analisi e di spiegazione non è che un aspetto di quella medietà della chimica di cui abbiamo parlato fin dall'inizio e abbiamo visto numerosi esempi. L'alfabeto chimico non è limitato a un numero minimo di «segni» né si espande in modo incontrollato: ha invece una sua precisa misura, un ordine di grandezza affine a quello che gli esseri umani hanno giudicato ideale per una comunicazione efficace; e, guarda caso, è in questo alfabeto che è stato sviluppato l'unico sistema informativo di costruzione di nomi presente nelle scienze naturali. Le «forme» studiate dalla chimica non coprono tutto lo spettro del possibile ma solo una parte (per quanto ampia) di tale spettro, determinata da vincoli che resisterebbero a un'espansione indiscriminata delle sostanze esistenti. L'«oggetto» principale della chimica (cioè il principale obiettivo delle sue indagini) non sono *oggetti*, cioè entità ontologicamente indipendenti come questo tavolo è inteso essere da questa sedia (se bruciassi il tavolo, non c'è nessun motivo di pensare che ciò dovrebbe influenzare l'esistenza della sedia), ma è invece ciò che si situa *tra* gli oggetti: un tessuto relazionale che può essere studiato – che *va* anzi studiato – per conto suo, rivelandosi al tempo stesso un legame fra i termini che mette in relazione, e in tal senso dipendente da quei termini (niente termini, niente legame), ma anche dotato di un suo autonomo contenuto informativo che esula dalla struttura interna dei termini. E, quando la chimica si rivolge a oggetti in senso tradizionale, la primarietà delle relazioni si estende a quelle interne a uno stesso oggetto: ai vari parametri che lo caratterizzano e hanno il significato che hanno solo nel particolare contesto relazionale che lo costituisce (gli stessi valori, in un altro oggetto costituito da un tessuto di relazioni diverse, avrebbero un significato diverso), imponendo al chimico di tenere l'oggetto sempre presente nella sua concretezza (è questo il caso, abbiamo visto, delle indagini spettroscopiche). E si estende alle relazioni che gli oggetti hanno con il loro ambiente, e che ne fanno sonde estremamente sensibili per misurare e valutare quell'ambiente e per trasmetterne e trasmettervi informazioni (come accade con i cristalli liquidi).

Una parola che abbiamo appena usato – «concretezza» – ci permette di collegare la medietà della chimica a un'altra sua importante caratteristica, che pure ha avuto un ruolo prominente in questo libro: il suo legame con la pratica, con la produzione. Un chimico non può dimenticarsi che il suo scopo è, diciamo, la migliore impermeabilizzazione di una superficie o la migliore flessibilità di un tubo; quindi non può dimenticarsi di far parte di un mondo abitato da entità di media grandezza quali tavoli, sedie, alberi *ed esseri umani*. Il che potrebbe esser visto come un condizionamento negativo per la libertà del suo pensiero e invece si trasforma in una straordinaria opportunità di apprendere contenuti tanto più ricchi e interessanti. Ricordandoci la deliziosa e azzeccata immagine kantiana, nella prima *Critica*, della colomba che, volando contro la resistenza dell'aria, pensava che avrebbe volato ancora meglio nel vuoto. Ma nel vuoto non si vola; si cade. Nel vuoto non c'è libertà, né di pensiero né d'altro genere.

Anche il nostro libro vorrebbe essere un esempio di medietà. Medietà espressiva: abbiamo cercato di evitare la sciagurata divulgazione che passa come un bulldozer sopra ogni dettaglio e riduce la scienza a facili slogan, ma anche un linguaggio che si compiace del suo tecnicismo e lascia il lettore «medio» esterrefatto. Ci rendiamo conto che il libro non può esser letto come un romanzo, che non se ne possono girare freneticamente le pagine, che bisogna fermarsi su una frase finché non la si è capita, prima di procedere. La nostra scommessa è che le frasi, però, *si possano* capire. E abbiamo cercato una medietà di tono. Nella prefazione ci eravamo dichiarati alieni da enunciazioni universali e programmatiche, attratti dall'umiltà della quotidiana ricerca scientifica. Intendiamo chiudere il libro con parole analoghe; e speriamo di averlo scritto rispettando tali parole.

La chimica non è certo l'unica scienza in cui si va affermando la centralità delle relazioni o di interazioni che coinvolgono il soggetto umano che *fa* scienza. Il paradosso della misura nella meccanica quantistica (già descritto nel terzo capitolo: quando un oggetto viene misurato, il suo comportamento cambia in modo radicale) ci insegna che questa centralità vige anche nei laboratori di fisica, che anche il messaggio che da lì ci arriva è che gli oggetti sono irrimediabilmente, essenzialmente *implicati* gli uni con gli altri e con chi li osserva; di quanto i grafi contino nelle scienze sociali abbiamo anche già detto. Ma in chimica questo sviluppo è più evidente e pervasivo; anzi, non è nemmeno uno sviluppo perché ha accompagnato la chimica per tutta la sua storia. Quindi tanto vale cominciare dalla chimica per trovare un'alternativa ai proclami riduzionisti, alle teorie del tutto e alle particelle di Dio.

Come pure abbiamo detto nella prefazione, questa modesta attenzione ai dettagli, questo rifuggire dagli slogan, questo trovare complicità più che contrapposizioni fra discipline diverse esprimono una loro ambizione; ma un'ambizione di forma logica diversa da quella che rifiutiamo. Un'ambizione come quella espressa dal riduzionismo è *universale*: si propone di far giustizia a *ogni* evento, a ogni circostanza. E il progetto risulta tanto più plausibile quanto più si trascurano o si passano sotto silenzio le possibili eccezioni. C'è anche, però, un'ambizione che potremmo dire (in senso logico) *esistenziale*: quella di trovare qualcosa di nuovo, *una* cosa che sia nuova, magari un'eccezione alla regola che tutti accettano. Il che talvolta richiede enorme impegno e fatica. «Tutti i cigni sono bianchi» è un enunciato universale, che a lungo è sembrato vero. Per dimostrarlo falso, gli europei hanno dovuto raggiungere gli antipodi; solo allora hanno scoperto (in Australia) cigni neri. Questa, dunque, è la nostra ambizione. Non che in molti casi un atteggiamento riduttivo non sia adeguato e utile; basta pensare a quando un politico cerca di difendere una castroneria che ha detto riferendosi al «contesto», e a quanto è opportuno allora richiamarlo (ridurlo) alla semplice, banale lettera delle sue frasi. Quel che c'è di sbagliato nel riduzionismo è il suo suffisso, la sua pretesa che un atteggiamento riduttivo sia l'unico plausibile, che sia *necessario*. Per questa pretesa abbiamo qui offerto un'alternativa, esponendoci superficialmente a un paradosso. Al riduzionismo fisicalista abbiamo affiancato un'altra categoria universale che però, proprio per essere *altra*, finisce per negare il concetto stesso di universalità: per qualificarsi come una categoria che *può*, in linea di principio, ma non per questo *deve*, applicarsi a ogni evento e circostanza. E, per farlo, non siamo stati costretti a navigare fino agli antipodi; ci è bastata una sosta prolungata, attenta, rispettosa in un laboratorio di chimica.

Bibliografia

N.B. Questa bibliografia contiene solo i testi esplicitamente citati nel libro o direttamente utilizzati nella sua elaborazione. Il lettore che volesse approfondire gli argomenti trattati può cominciare rivolgendosi a uno dei numerosi ottimi manuali disponibili sul mercato.

Alighieri, Dante. *Divina commedia*, a cura di A. Chiavacci Leonardi. Milano, Mondadori 1991-97.

Aristotele. *Etica nicomachea*, traduzione di M. Zanatta. Milano, Rizzoli 1986.

— *La metafisica*, a cura di C. Viano. Torino, UTET 2005.

— *Organon*, traduzione di G. Colli. Torino, Einaudi 1955.

Benigni, Romualdo; Giuliani, Alessandro. *Quantitative Modeling and Biology: The Multivariate Approach. American Journal of Physiology* 266/35, 1994, R1697-R1704.

Careri, Giorgio. *Ordine e disordine nella materia*. Roma-Bari, Laterza 1982.

Carrà, Sergio. *La formazione delle strutture*. Torino, Bollati Boringhieri 1989.

— *Introduzione alla termodinamica chimica*. Bologna, Zanichelli 1972.

Di Paola, Luisa; De Ruvo, Micol; Paci, Paola; Santoni, Daniele; Giuliani, Alessandro. *Protein Contact Networks: An Emerging Paradigm in Chemistry. Chemical Reviews* 113, 2013, 1598-1613.

Dickerson, Richard; Geis, Irving. *Struttura e funzione delle proteine*, traduzione di M. Frontali e L. Terrenato. Bologna, Zanichelli 1973.

Dill, Ken; Truskett, Thomas; Vlachy, Vojko; Hribar-Lee, Barbara.

Modeling Water, the Hydrophobic Effect, and Ion Solvation. In *Annual Reviews in Biophysics and Biomolecular Structure* 34, 2005, 173-199.

Domenici, Valentina. *L'affascinante mondo dei cristalli liquidi*. Trieste, SISSA Editrice, 2009.

Einstein, Albert. *Autobiografia scientifica*, traduzione di A. Gamba. Torino, Bollati Boringhieri 2010.

Fieser, Louis F.; Fieser, Mary. *Advanced Organic Chemistry*. New York: Reinhold, 1961.

Hegel, Georg Wilhelm Friedrich. *La scienza della logica*, a cura di V. Verra. Torino, UTET 1981.

Heisenberg, Werner. *Fisica e filosofia*, traduzione di G. Gignoli. Milano, Il Saggiatore 2008.

Humphries, Mark; Gurney, Kevin. *Network 'Small-Worldness': A Quantitative Method for Determining Canonical Network Equivalence. PLoS ONE*, 4/3, 2008, 2051-2060.

Jolicoeur, Pierre; Mosimann, James. *Size and Shape Variation in the Painted Turtle. A Principal Component Analysis. Growth* 24, 1960, 339-354.

Kant, Immanuel. *Critica della ragion pura*, a cura di P. Chiodi. Milano, TEA 1996.

— *Primi principi metafisici della scienza della natura*, traduzione di L. Galvani. Bologna, Cappelli 1959.

Laplace, Pierre Simon de. *Saggio filosofico sulle probabilità*, traduzione di E. Cocanari. Roma-Napoli, Theoria 1987.

Laughlin, Robert; Pines, David; Schmalian, Joerg; Stojkovic, Branko; Wolynes, Peter. *The Middle Way. Proceedings of the National Academy of Sciences, USA* 97, 2000, 32-37.

Lavoisier, Antoine Laurent de. *Trattato elementare di chimica*, Tomo primo, traduzione di V. Dandolo. Venezia, Curti 1796.

Leibniz, Gottfried Wilhelm. *Scritti di logica*, a cura di F. Barone. Bologna, Zanichelli 1968.

Levi, Primo. *Il sistema periodico*. Torino, Einaudi 1975.

Locke, John. *Saggio sull'intelligenza umana*, traduzione di C. Pellizzi rivista da G. Farina. Roma-Bari, Laterza 1999.

Mickulecki, Donald. *Network Thermodynamics and Complexity: A Transition to Relational Systems Theory. Computers and Chemistry* 25, 2001, 369-391.

Nicolis, Gregoire; Prigogine, Ilya. *La complessità*. Traduzione di M. Andreatta e M. De Francesco. Torino, Einaudi 1991.

Pascual, Mercedes; Levin, Simon A. *From Individuals to Population Densities: Searching for the Intermediate Scale of Nontrivial Determinism*. *Ecology* 80 (1999), 2225-2236.

Pirandello, Luigi. *Uno nessuno e centomila*, in *Tutti i romanzi*, vol. II, a cura di G. Macchia. Milano, Mondadori 1973, 737-902.

Platone. *Cratilo*, in *Opere complete*, vol. II, traduzione di L. Minio-Paluello. Roma-Bari, Laterza 1971, 9-80.

— *Fedone*, in *Opere complete*, vol. I, traduzione di M. Valgimigli. Roma-Bari, Laterza 1974, 97-189.

Ronchi, Claudio. *L'albero della conoscenza*. Milano, Jaca Book 2011.

Saussure, Ferdinand de. *Corso di linguistica generale*, traduzione di T. De Mauro. Roma-Bari, Laterza 2001.

Sykes, Peter. *La ricerca dei meccanismi delle reazioni organiche*, traduzione di M. Cantoni. Bologna, Zanichelli 1978.

Tellegen, Bernard *A General Network Theorem with Application*. *Philips Research Reports* 7, 1952, 259-269.

Villani, Giovanni. *La chimica: una scienza della complessità ante litteram*, in *Strutture di Mondo*, Vol. 1, a cura di L. Urbani Ulivi. Bologna, Il Mulino 2010, 71-90.

Finito di stampare nel mese di dicembre 2014 dalla Tipolitografia CSR
Via di Pietralata, 157 - 00158 Roma - Tel. 064182113 (r.a.) - Fax 064506671